호 박
SQUASH

국립원예특작과학원 著

호박

SQUASH

Contents

주요 병해충 방제기술

부록
단호박 재배기술

호박

제1장

재배현황과 경영특성

01 원산지 및 재배내력

인류가 호박을 이용하기 시작한 시기는 약 9,000년 전으로 추정되며 원산지인 멕시코 고대문화를 지탱하여 온 중요한 작물로 유적들 근처에서 발견되고 있다. 호박의 재배도 기원전 5,000년경부터 시작한 것으로 추정되어 매우 오랜 재배역사를 지니고 있다.

호박의 원산지인 아메리카대륙에는 종에 따라 품종들이 다양하게 발달되어 있는데 그 분포를 자세히 살펴보면, 기온이 낮은 북미대륙에서는 비교적 생육이 왕성하고 저온에도 강한 페포종이 주로 발달하였고, 기온이 높고 습한 멕시코와 중남미 지역에서는 모샤타종(요즘 동양계 호박)이 발달했다. 막시마종(서양계 호박)은 남미대륙의 저온·고지 조건에서 상대적으로 더 잘 자라고 과실의 당도가 높지만, 모샤타종은 고온을 선호하고 과실의 당도도 상대적으로 낮은 품종들이 많다.

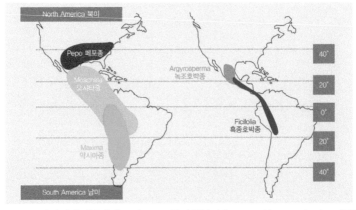

<그림 1-1> 아메리카 대륙에서 호박 주요 5종의 원산지 (Hayase, Filov, & Whitaker에 준함)

1492년 콜럼버스의 아메리카대륙 도착 이후 호박은 여러 경로를 통해 전 세계로 빠르게 전파되었다. 호박은 생장속도가 빠르고 재배가 쉬워 인기리에 보급되었는데 16세기 유럽과 중국의 기록들에는 몇 종류의 다른 호박품종이 기술되고 있다. 일본에는 포르투갈 상선 편으로 1553~1554년에 전파되었다는 기록이 있고, 중국에도 이 시기를 전후해 전파된 것으로 알려져 있다. 이때는 주로 모샤타종이 전래된 것으로 추정된다. 막시마종은 1863년에 미국에서 일본으로 2~3 품종이 전해진 것을 시초로 계속 많은 품종이 전해져 일본의 여러 지역에서 다양한 호박이 정착되어 재배되었다.

우리나라에 호박이 들어온 것은 임진왜란 이후 일본과의 교류가 잦아지면서 일본을 통해 1605~1609년에 모샤타종이 들어왔다는 추정이 있었다. 그러나 홈만선이 1710년에 지은 ≪산림경제≫에 호박이라는 채소가 소개되어 있지 않다. 또, 한국의 재래호박은 일본 호박류와는 같은 모샤타종에 속하면서도 차이가 크고, 오히려 중국 전통호박과 비슷하다. 따라서 임진왜란 이후 병자호란(1636~1637), 명나라 멸망(1644)이라는 큰 국제적 변화를 겪으면서, 당시 청나라에 억류되어 있었던 많은 사람들이 조선으로 돌아올 때, 함께 가지고 들어왔을 가능성이 더 많다.

호박이라는 명칭은 열매가 박과 같이 생긴 작물이 오랑캐족(두만강 근처의 여진족)들로부터 전래돼 호(胡)박이라 불려졌다는 설(최남선)이 있다. 이는 우리나라에 소개된 재래호박이 일본종과는 많이 다르고, 중국 전통 남과(南瓜)와 유사하다는 점에서 중국 에서 유래되었을 가능성을 시사해 주고 있다. 아마도 중국에서 호박이 남과(南瓜)라고 불리고, 오이는 황과(黃瓜) 또는 호과(胡瓜)라 불리므로 이것이 국내에 소개되면서 명칭상의 혼동이 있었던 것으로 추측된다. 호박은 척박한 토양에서 잘 자라고 시기에 상관없이 수확할 수 있으며, 호박의 숙과는 저장도 쉬워 전래된 이후 다방면으로 애용되어 왔다.

우리나라에서 호박의 시험재배는 1908년에 원예모범장에서 일본 유래의 숙과용 모샤타종인 축면계(縮緬系), 국좌계(菊座系), 흑피계(黑皮系)와 중국 유래의 호박(청과 및 숙과)이 재배된 것이 최초이며, 1911년에는 막시마종인 합바드(Hubbard) 등의 품종이 시험재배 되었다. 또한 1920년대 이후에는 막시마종인 밤호박이 도입·소개되었고, 그 이전에는 재래호박(마디호박 등)이 주로 포장에서 재배되었다.

현재 겨울철에 하우스에서 많이 재배되는 입목성(立木性) 또는 비덩굴성 페포종인 쥬키니호박은 1955년에 도입되어 시설재배의 확대와 함께 재배면적이 꾸준히 증가하다가 애호박의 등장으로 최근에는 정체 상태에 있다.

<그림 1-2> 시설재배 전경

02 재배현황과 경영적 특성

재배면적과 생산량

<표 1-1> 연도별 호박 생산실적 　　　　　　　　　　　　　　　　(단위:ha,kg/10a,톤)

연도	계			노지재배			시설재배		
	재배면적	단수	생산량	재배면적	단수	생산량	재배면적	단수	생산량
1961	2,852	1,043	22,753	2,852	1,043	22,753	-	-	-
1962	19,820	499	98,837	19,820	499	98,837	-	-	-
1963	6,453	1,633	105,348	6,453	1,633	105,348	-	-	-
1964	9,434	1,187	111,986	9,434	1,187	111,986	-	-	-
1965	7,739	1,094	84,645	7,739	1,094	84,645	-	-	-
1966	7,412	1,174	87,026	7,412	1,174	87,026	-	-	-
1967	6,899	1,204	83,065	6,899	1,204	83,065	-	-	-
1968	7,764	1,117	86,710	7,764	1,117	86,710	-	-	-
1969	8,866	1,172	103,924	8,787	1,137	99,900	79	5,093	4,024
1970	8,910	1,239	110,405	8,796	1,216	106,969	114	3,008	3,436
1971	8,586	1,297	111,341	8,428	1,273	107,276	158	2,581	4,065
1972	11,160	1,345	150,117	11,029	1,333	147,059	131	2,339	3,058
1973	10,510	1,322	138,925	10,345	1,303	134,841	165	2,481	4,084
1974	11,200	1,278	143,090	11,019	1,259	138,696	181	2,428	4,394
1975	1,687	1,391	23,468	1,432	1,315	18,824	255	1,820	4,644
1976	1,861	1,599	29,764	1,671	1,496	24,997	190	2,504	4,767
1977	2,294	1,610	36,931	2,055	1,537	31,576	239	2,242	5,355

연도	계			노지재배			시설재배		
	재배면적	단수	생산량	재배면적	단수	생산량	재배면적	단수	생산량
1978	2,552	1,588	40,535	2,314	1,500	33,053	238	2,151	7,482
1979	2,840	2,053	58,300	2,398	1,927	46,199	442	2,738	12,101
1980	2,775	1,727	47,930	2,407	1,665	40,076	368	2,133	7,854
1981	2,905	1,638	47,574	2,568	1,596	40,958	337	1,963	6,616
1982	2,625	1,766	46,359	2,179	1,645	35,854	446	2,355	10,505
1983	2,868	1,806	51,799	2,366	1,685	39,863	502	2,376	11,936
1984	3,181	1,823	57,989	2,586	1,741	45,029	595	2,180	12,960
1985	3,223	1,861	59,983	2,528	1,749	44,214	695	2,269	15,769
1986	3,145	1,801	56,651	2,451	1,629	39,919	694	2,410	16,732
1987	3,348	1,853	62,054	2,561	1,664	42,627	787	2,467	19,427
1988	3,407	1,899	64,692	2,499	1,738	43,429	908	2,342	21,263
1989	3,516	1,928	67,777	2,386	1,688	40,280	1,130	2,433	27,497
1990	4,091	2,011	82,280	2,444	1,755	42,899	1,647	2,391	39,381
1991	5,774	1,916	110,606	4,085	1,760	71,913	1,689	2,291	38,693
1992	6,410	2,118	135,740	4,037	1,968	79,464	2,373	2,372	56,276
1993	7,779	2,097	163,099	4,843	1,801	87,233	2,936	2,584	75,866
1994	7,512	2,029	152,392	5,178	1,825	94,522	2,334	2,479	57,870
1995	7,080	2,248	159,185	4,124	1,939	79,962	2,956	2,680	79,223
1996	7,259	2,374	172,332	4,454	2,050	91,311	2,805	2,888	81,021
1997	7,447	2,428	180,779	4,742	2,121	100,560	2,705	2,966	80,219
1998	7,701	2,527	194,598	4,430	1,840	81,529	3,271	3,457	113,069
1999	8,145	2,664	216,958	4,286	2,130	91,289	3,859	3,257	125,669
2000	8,434	2,851	240,484	4,516	2,362	106,660	3,918	3,416	133,824
2001	8,792	3,362	295,592	4,694	2,515	118,070	4,098	4,332	177,522
2002	9,035	3,061	276,521	4,921	2,427	119,411	4,114	3,819	157,110
2003	8,791	3,092	271,823	5,308	2,560	135,888	3,483	3,903	135,935
2004	9,452	3,220	304,337	5,950	2,643	155,447	3,502	4,252	148,890
2005	9,327	3,636	339,097	5,743	3,103	178,234	3,584	4,488	160,863
2006	9,667	3,331	322,047	6,672	2,699	180,110	2,995	4,739	141,937

연도	계			노지재배			시설재배		
	재배면적	단수	생산량	재배면적	단수	생산량	재배면적	단수	생산량
2007	10,375	3,181	330,040	7,524	2,582	194,258	2,851	4,763	135,782
2008	9,473	3,457	327,502	6,528	2,670	174,285	2,945	5,203	153,217
2009	9,795	3,483	341,163	6,338	2,554	161,875	3,457	5,186	179,288
2010	8,970	3,376	302,868	5,724	2,529	144,783	3,246	4,870	158,085
2011	8,820	3,406	300,400	5,830	2,665	155,268	2,990	4,851	145,132
2012	10,450	3,111	325,113	7,582	2,515	190,725	2,868	4,686	134,388
2013	9,459	3,419	323,364	6,805	2,868	195,144	2,654	4,831	128,220
2014	9,659	3,577	345,465	6,504	2,946	191,636	3,155	4,876	153,829
2015	10,645	3,423	364,416	7,249	2,784	201,840	3,396	4,787	162,576
2016	9,007	3,311	298,206	6,150	2,470	151,933	2,857	5,120	146,273
평년	9,856	3,384	331,314	6,853	2,722	192,502	2,960	4,831	144,830

1975년 한국에서 호박재배에 대한 통계화가 시작되면서부터의 자료 <표 1-1>을 살펴보면, 1975년에는 1,687ha의 재배면적에서 23,468t의 호박이 생산되었는데 이 당시 호박의 시설재배면적은 전체의 15%에 지나지 않았다. 한국에서의 박과채소 재배면적은 다른 박과작물이 감소 추세를 보이는 반면 호박만은 꾸준한 재배면적 증가 추세를 이어 온 것이 돋보인다. 이후 호박 재배면적은 꾸준한 증가세를 유지하면서 2010년에는 8,970ha의 재배면적에서 302,868t의 호박이 생산돼 과채류 중에선 수박 다음 순위로 올라서게 되었다. 시설재배면적에서도 꾸준히 증가해 2010년에는 3,246ha의 재배면적을 보였는데, 면적으로는 36%밖에 되지 않았지만 총 수확량에선 노지재배 총수량보다 오히려 더 높았다. 2012년 호박 재배면적은 10,450ha로 전년도에 비해 18% 증가하였다.

2012년 노지재배 면적은 2011년보다 30% 증가한 7582ha이고, 주로 강원·충청지역을 중심으로 증가하고 있다. 총 시설면적은 지속적으로 감소하고 있는 추세이지만 시설단지화가 되어 있는 일부 지역에서 재배규모가 확대되고 있다. 2012년 호박 생산량은 전년 대비 13% 증가한 338,000t으로 추정되며, 재배면적 또한 꾸준히 늘어나는 추세이다.

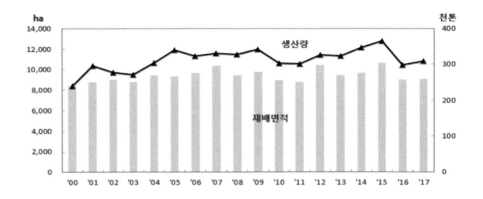

<그림 1-3> 호박 재배면적과 생산량(농업전망, 2018)

지역별 재배현황

호박의 노지재배의 경우 전국 어디에서나 재배가 가능해 재배지역이 넓게 분포되어 있다. 2012년 노지재배면적을 보면 강원 1,771ha(23.4%), 전남 1,742ha(2.30%), 경북 1,315ha(17.3%), 경기 942ha(12.4%) 순이다. 시설재배지역은 기후적으로 온난한 경남이 686ha(23.9%)로 촉성·반촉성재배를 많이 하여 재배면적이 가장 많고, 다음이 하우스 조숙재배를 하는 경기 469ha(16.4%), 경북 406ha(14.2%) 순이다.

<표 1-2> 2012년 지역별 호박 생산현황   (단위:ha,kg/10a,톤)

지역	호박								
	계			노지재배			시설재배		
	면적	단수	생산량	면적	단수	생산량	면적	단수	생산량
전국	9,007	3,311	298,206	6,150	2,470	151,933	2,857	5,120	146,273
서울	4	3,900	156	3	3,180	95	1	6,071	61
부산	41	3,868	1,586	31	3,288	1,019	10	5,668	567
대구	44	4,077	1,794	28	1,780	498	16	8,103	1,296
인천	20	3,200	640	19	3,200	608	1	3,185	32
광주	86	3,724	3,203	30	2,559	768	56	4,348	2,435
대전	19	3,042	578	18	3,008	541	1	3,650	37

울산	35	1,571	550	34	1,461	497	1	5,277	53
경기	840	3,733	31,357	521	3,180	16,568	319	4,636	14,789
강원	918	2,638	24,218	852	2,592	22,084	66	3,234	2,134
충북	986	3,009	29,666	461	1,381	6,366	525	4,438	23,300
충남	599	3,334	19,972	269	2,537	6,825	330	3,984	13,147
전북	328	3,035	9,954	171	2,754	4,709	157	3,341	5,245
전남	1,980	3,499	69,287	1,638	2,843	46,568	342	6,643	22,719
경북	1,776	2,520	44,758	1,387	2,155	29,890	389	3,822	14,868
경남	1,074	5,119	54,977	446	2,328	10,383	628	7,101	44,594
제주	249	2,142	5,334	234	1,854	4,338	15	6,643	996
세종	8	2,200	176	8	2,200	176	–	–	–

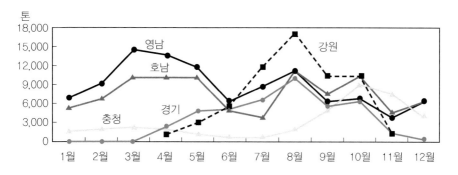

<그림 1-4> 2012년 호박 월별, 지역별 생산량(농업전망, 2013)

표준소득

호박은 박과류 채소 중 10a당 재식주수가 비교적 적어 단위면적당 생산성이 다소 낮으나 실질소득은 높은 편이다. 2010년 시설재배의 경영비는 4,999천원으로 지난 10년간 평균 경영비 2,384천원보다 109% 증가되었다. 2010년 소득은 5,416천원으로 2000년 평균소득(3,008천원)보다 80% 증가하는데 그쳤다. 따라서 시설재배는 관리노력이 많이 들어가고 시설 자재비의 상승으로 소득 증가폭이 적었던 것으로 나타났다.

노지재배의 소득분석 자료는 1998년 이후 조사되지 않아 1998년을 기준으로 경영비는 467천원으로 지난 10년간 평균 경영비 303천원과 비교해 54% 증가했으나, 소득은 909천원으로 10년간 평균소득 670천원에 비해 36% 증가하였다.

<표 1-3> 연도별 호박 시설재배 작형의 표준소득

연도	조수입(원)	경영비(원)	소득(원)	소득률(%)
1990	2,574,697	836,688	1,738,009	67.5
1995	3,811,609	1,584,941	2,226,668	58.4
2000	5,392,836	2,384,898	3,007,938	55.8
2005	8,006,208	3,392,295	4,613,913	57.6
2010	10,415,004	4,999,008	5,415,996	52.0
2016	11,187,717	5,467,835	5,719,882	51.1

* 농축산물 소득자료집, 농촌진흥청.

<표 1-4> 연도별 노지재배 작형의 표준소득

연도	조수입(원)	경영비(원)	소득(원)	소득률(%)
1988	485,834	171,606	314,228	64.7
1990	725,337	240,769	484,568	66.8
1995	1,368,516	380,956	987,560	72.2
1998	1,376,872	467,856	909,016	66.0

* 농축산물 소득자료집, 농촌진흥청.

<표 1-5> 2010년 시설호박 전국 소득분석표(기준 : 연 1기작/10a)

비목별			수량	단가(원)	금액(원)	비고	
총수입	주 산 물 가 액		7,949kg	1,407	11,186,536	상품화율	99.1%
	부 산 물 가 액				1,181		
	계				11,187,717		
생산비	경영비	중간재비	종 자 · 종 묘 비			315,573	N:15.0kg P:6.0kg K:7.4kg)	
			종 자	652.6g	131		요 소 7.7kg
			종 묘	1,143.9주	356		유 안 1.3kg
			보통(무기질)비료비			268,322	용 성 인 비 3.6kg 염 화 칼 리 1.74kg
			부산물(유기질)비료비			467,661	환 산 칼 리 4.4kg 붕 소 0.4kg
			농 약 비			312,750	동 용 석 회 7.0kg 규 산 질 4.7kg
			수 도 광 열 비			684,832	복 합 비 료 56.0kg 전 기 4,726.7kW
			기 타 재 료 비			1,204,954	유 류 567.0L 가 스 0.3L
			소 농 구 비			2,988	하우스비닐외피 269.0kg 하우스비닐내피 32.2kg
			대 농 구 상 각 비			312,793	피복용비닐 35.7kg 육 묘 상 자 0.5개
			영 농 시 설 상 각 비			887,994	할 죽 14.6개 지 주 대 23.9개
			수 리 · 유 지 비			128,676	폿 트 10.8개 끈 0.8개
			기 타 비 용			838	짚 2.3kg 포장재(PP마대) 527.8개 보 온 덮 개 13.7m
		계				4,587,382	
		임차료 ┌ 농기계·시설				13,222	
		└ 토 지				218,498	
		위 탁 영 농 비				18,400	
		고 용 노 동 비		73시간		630,333	
		남		30시간	12,583		
		여		43시간	5,775		
	계					5,467,835	
	자 가 노 동 비		296시간		4,719,701		
	남		163시간	15,967			
	여		133시간	15,967			
	유 동 자 본 용 역 비				67,070		
	고 정 자 본 용 역 비				141,091		
	토 지 자 본 용 역 비				223,761		
	계				10,619,457		
부 가 가 치					6,600,335		
소 득					5,719,882		
부 가 가 치 율(%)					59 .0		
소 득 률(%)					51.1		

주) 자가노동비는 5인~29인 구모 제조업 평균임금(단가:15,967/1시간)을 적용해서 산출한 자가노동비 및 생산비임.

2010년도 시설호박 소득 분석표는 <표 1-5>와 같다.

10a당 소득은 5,416천원으로 시설수박 2,608천원(반촉성), 시설참외 4,416천원보다는 높고, 시설오이 9,392천원(반촉성), 시설딸기 7,153천원(반촉성)보다는 낮은 편이다.

<표 1-6> 연도별 채소 총생산액 대비 호박 생산액 (단위: 십 억원)

연도	채소 전체 생산액 (A)	호박 전체 (B)	노지호박 (C)	시설호박 (D)	비율(%)		
					B/A	C/A	D/A
1965	36.2	1.0	1.0	0	2.76	2.76	0.00
1970	111.0	1.4	1.4	0	1.26	1.26	0.00
1975	405.5	0.8	0.8	0	0.20	0.20	0.00
1980	1,449.1	4.9	4.9	0	0.34	0.34	0.00
1985	2,241.5	4.9	4.9	0	0.22	0.22	0.00
1990	3,323.2	37.5	16.8	20.7	1.13	0.51	0.62
1995	6,516.0	100.7	48.3	52.4	1.55	0.74	0.80
2000	6,724.2	160.5	45.0	115.5	2.39	0.67	1.72
2005	6,918.6	273.6	83.1	190.5	3.95	1.20	2.75
2006	7,353.4	263.7	94.1	169.6	3.59	1.28	2.31
2007	7,483.0	234.1	74.6	159.5	3.13	1.00	2.13
2008	7,213.5	233.4	48.5	184.9	3.24	0.67	2.56
2009	7,554.1	267.3	39.4	227.9	3.54	0.52	3.02
2010	8,353.3	259.8	47.5	212.3	3.11	0.57	2.54

* 2010 농림통계연보, 농림부, 2011.

채소 전체 생산액 중 호박 생산액 비율은 1960년대 중반까지는 채소 전체 생산액의 거의 3%까지 달했다가 1970년대 들어 감소하기 시작해 1975년에는 0.22%까지 낮아졌다가 꾸준히 증가해 2010년도에는 3.11%로 1990년도 대비 2배 이상 증가했다. 노지호박 생산액보다는 시설호박 생산액의 증가비율이 높았다.

소비동향

<표 1-7> 호박 영양성분 분석표(가식부 100g당)

식품상태	일반성분						식이섬유		
	에너지 (kcal)	수분 (%)	단백질 (g)	지질 (g)	회분 (g)	탄수화물 (g)	총 (g)	수용성 (g)	불용성 (g)
호박잎									
- 생것	30	88.8	5.0	0.2	1.4	4.6	(3.3)	(0)	(3.3)
- 데친 것	32	88.2	4.3	0.2	1.7	5.6	-	-	-
- 찐 것	31	88.5	5.4	0.2	1.4	4.5	-	-	-
국수호박									
- 생것	18	94.2	0.6	0.1	0.7	4.4	2.0	0.8	1.2
- 데친 것	16	95.1	0.5	0.1	0.5	3.8	2.1	0.8	1.4
늙은호박									
- 생것	30	91.0	0.9	0.1	0.5	7.5	(3.4)	(1.0)	(2.4)
- 데친 것	30	90.3	1.7	0.1	1.0	6.9	-	-	-
단호박									
- 생것	70	79.0	1.7	0.2	1.1	18.0	(4.6)	(0.5)	(4.1)
- 데친 것	30	90.3	1.7	0.1	1.0	6.9	(3.6)	(0.8)	(2.8)
애호박									
- 생것	26	93	0.9	0.1	0.4	5.6	(1.2)	(0.4)	(0.8)
- 데친 것	24	92.5	1.3	0	0.5	5.7	-	-	-
쥬키니									
- 생것	31	90.8	1.2	0.1	0.5	7.7	(3.5)	(0.9)	(2.6)
- 데친 것	11	96.1	0.9	0	0.6	2.4	-	-	-
호박 가공									
- 늙은호박고지	275	15.3	11.8	1.4	5.9	65.6	-	-	-
- 애호박고지	277	11.5	14.8	0.7	7.2	65.8	-	-	-

식품상태	무기질					비타민	
	칼슘 (mg)	인 (mg)	철 (mg)	칼륨 (mg)	나트륨 (mg)	비타민A (RE)	레티놀 (㎍)
호박잎							
- 생것	180	80	1.9	273	3	387	0

- 데친 것	128	83	1.7	200	2	269	0
- 찐 것	91	109	8.1	457	7	588	0
국수호박							
- 생것	19	31	0.1	330	1	-	0
- 데친 것	18	21	0.2	256	1	-	0
늙은호박							
- 생것	28	30	0.8	334	1	119	0
- 데친 것	7	32	0.3	494	0	1180	-
단호박							
- 생것	4	37	0.4	507	1	670	0
- 데친 것	7	32	0.3	494	0	1180	-
애호박							
- 생것	30	36	0.4	215	17	34	0
- 데친 것	11	31	0.1	166	1	26	0
쥬키니							
- 생것	61	24	2.4	201	6	140	0
- 데친 것	17	28	0.3	238	2	-	0
호박 가공							
- 늙은호박고지	215	113	4.3	2254	18	49	0
- 애호박고지	165	354	4.0	3105	12	231	0

식품명	비타민					폐기율 (%)
	ß-카로틴 (μg)	비타민B1 (mg)	비타민B2 (mg)	나이아신 (mg)	비타민C (mg)	
호박잎						
- 생것	2322	0.21	0.18	1.0	50	0
- 데친 것	1616	0.09	0.06	0.6	37	0
- 찐 것	3528	0.05	0.10	0.8	16	0
국수호박						
- 생것	1	0.13	0.04	0.4	-	9
- 데친 것	2	0.09	0.04	04	0	17

식품명	비타민					폐기율 (%)
	ß-카로틴 (µg)	비타민B1 (mg)	비타민B2 (mg)	나이아신 (mg)	비타민C (mg)	
늙은호박						
- 생것	712	0.07	0.08	1.5	15	17
- 데친 것	7077	0.02	0.02	0.2	15	-
단호박						
- 생것	4018	0.03	0.04	0.3	21	-
- 데친 것	7077	0.02	0.02	0.2	15	-
애호박						
- 생것	201	0.16	0.02	0.4	9	0
- 데친 것	156	0.02	0.06	0.6	5	0
쥬키니						
- 생것	840	0.06	0.08	0.8	40	0
- 데친 것	1	0.13	0.01	0.4	0	0
호박 가공						
- 늙은호박고지	296	0.20	0.26	4.3	0	0
- 애호박고지	1386	0.23	0.19	6.0	26	35

* 식품성분분석표 제8 개정판, 농촌생활연구소, 2011.

호박은 독특한 향미와 조직감으로 오래전부터 국민들에게 친근한 편이다. 대부분 청과 또는 숙과로 이용되며 과육이 유연하고 전분질이 있으며 감미도 있다. 숙과는 저장성이 있어 가정용으로 이용가치가 높다. 또한 최근에는 건강 웰빙 식품으로 호박죽, 음료, 제과 등 가공식품의 원료로 널리 이용되고 있다. 호박 영양성분에 대한 자세한 내역은 <표 1-7>과 같다.

호박은 어린잎과 줄기, 꽃, 미숙과, 성숙과를 식용하며 사료용으로도 많이 이용된다. 우리나라에서는 미숙과인 청과의 이용이 특히 많다. 호박의 숙과는 잘 익을수록 단맛이 증가하는데 이는 익을수록 당분이 늘어나기 때문이다. 호박이 가진 당분은 소화흡수가 잘 되기 때문에 위장이 약한 사람이나 회복기의 환자에게도 아주 좋다. 호박에 많이 들어 있는 카로틴은 체내에 들어가면 비타민 A의 효력을 나타낸다. 산후 부기가 있는 환자에게 가장 좋은 것으로 늙은호박이 권장된 이유도이러한 호박이 갖는 특성 때문이다. 또 호박은 당뇨병 환자나 뚱뚱한 사람에게도 좋은 식품으로 알려져 있다. 호박씨 또한 단백질과 지방이 많이 들어 있어 우수한 식품이다. 특히 지방이 불포화지방으로 되어 있으며 머리를 좋아지게 하는 레시틴과 필수아미노산이 많이 들어 있다. 호박씨를 많이 먹게 되면 두뇌 발달이 좋아진다. 또 호박씨가 혈압을 낮게 해준다는 연구 결과도 있으며 촌충구제와 천식치료에도 사용돼 왔다. 호박씨는 참깨와 마찬가지로 볶으면 독특한 향기가 나서 더욱 맛이 좋아진다. 이외에 기침이 심할 때 호박씨를 구워서 설탕이나 꿀과 섞어 먹으면 효과가 좋고 젖이 부족한 산모가 먹으면 젖이 많이 나온다고 알려져 있다.

연도별 호박 소비량은 생산량의 증가와 더불어 꾸준히 증가하였으며 2011년도에는 1990년도 1인당 소비량보다 3배 이상 증가하였다. 이는 최근 호박죽, 샐러드 가공원료로 많이 이용되었기 때문인 것으로 판단된다. 이후 소비량은 꾸준히 증가하여 2011년 하루 14g 정도를 소비하고 있다.

<표 1-8> 연도별 1인당 1일 소비량 (단위 : g)

연도	85	90	95	00	01	02	03	04	05	06	07	08	09	10	11	12	13	14	15
소비량	2.4	4.6	7.5	10.9	13.6	12.7	12.5	14.1	15.7	15.1	15.7	15.4	15.7	14.0	14.0	13.3	11.8	12.8	12.3

* 2011 식품수급표, 한국농촌경제연구원, 2012.

가격 및 유통현황

2011년도 가락동시장 애호박 20개 기준 상품 연 평균가격은 18,570원이었다. 2007년 15,037원에 비하여 23.5% 상승하였다. 2007년부터 20011년까지 순별 최고가격은 2010년 9월 중순으로 47,292원이었고, 최저가격은 2008년 7월 상순 5,411원이었다.

최근 숙과용 호박의 소비가 증가하면서 가격도 증가하고 있는데, 2011년도 늙은호박 상품 기준 개당 연 평균가격은 15,371원이었다. 2007년 9,210원에 비하여 66.8% 상승하였다. 2007년부터 2011년까지 늙은호박의 최고가격은 2010년 6월로 31,348원이었고, 최저가격은 2007년 9월 하순 4,989원이었다.

2011년도 가락동시장 단호박 상품 8kg 연 평균가격은 16,304원이었다. 2007

년 10,282원에 비하여 58.6% 상승하였다. 5년 중 월별 최고가격은 2011년 10월 20,866원이었고, 최저가격은 2007년 9월 7,452원이었다.

2011년도 쥬키니호박 10kg 박스 상품 기준 연 평균가격은 15,453원이었다. 2007년 11,419원에 비하여 35.3% 상승하였다. 5년 중 월별 최고가격은 2011년 8월로 30,215원이었고, 최저가격은 2008년 6월 4,632원이었다.

<표 1-9> 애호박 연도별 가격 (단위 : 원/20개, 가락동시장 상품 기준)

구 분		2012년	2013년	2014년	2015년	2016년	2017년	평년가	비고
1월	상순	24,962	26,518	20,824	23,872	23,258	25,004	24,031	
	중순	31,528	25,100	28,830	25,675	28,513	28,712	27,673	
	하순	25,850	29,622	29,246	30,859	34,188	26,079	29,909	
	월평균	27,763	27,306	26,418	26,994	29,327	26,814	27,354	
2월	상순	25,210	32,727	22,572	35,485	41,661	18,942	31,141	
	중순	27,197	24,393	26,264	33,094	26,627	19,426	26,696	
	하순	27,506	23,968	26,061	22,274	21,443	18,740	24,101	
	월평균	26,580	27,288	25,078	30,913	29,078	19,044	27,649	
3월	상순	27,179	22,472	27,058	22,606	23,250	17,522	24,305	
	중순	24,923	19,051	26,418	20,788	25,600	15,108	23,770	
	하순	22,346	18,177	20,294	17,296	19,622	12,858	19,364	
	월평균	24,721	19,801	24,495	20,138	22,603	15,080	22,412	
4월	상순	17,720	15,339	20,580	18,674	14,295	12,105	17,244	
	중순	13,778	13,241	14,220	19,834	11,532	9,845	13,746	
	하순	12,350	11,817	12,832	12,239	9,919	9,037	12,136	
	월평균	14,583	13,529	15,941	16,804	11,824	10,310	14,684	
5월	상순	11,399	10,263	12,804	10,425	9,258	6,502	10,696	
	중순	10,598	9,243	10,473	9,296	9,528	10,491	9,766	
	하순	8,684	11,752	9,657	7,954	8,638	9,083	8,993	
	월평균	10,156	10,512	10,948	9,179	9,137	8,692	9,949	

	구 분	2012년	2013년	2014년	2015년	2016년	2017년	평년가	비고
6월	상순	8,069	15,936	12,977	8,124	10,223	10,451	10,441	
	중순	8,065	13,769	10,105	8,585	11,976	11,565	10,222	
	하순	5,165	11,993	6,557	10,100	9,691	8,586	8,783	
	월평균	7,062	13,894	9,889	8,891	10,578	10,148	9,786	
7월	상순	6,705	6,888	5,721	7,585	12,830	13,652	7,059	
	중순	9,092	19,688	5,094	8,932	12,772	20,092	10,265	
	하순	7,622	19,912	8,811	14,443	9,642	20,125	10,965	
	월평균	7,849	15,496	6,680	10,524	11,706	18,122	10,026	
8월	상순	6,040	19,041	12,852	22,332	16,157	24,076	16,017	
	중순	10,170	13,805	16,350	7,891	9,578	19,657	11,185	
	하순	39,718	11,744	18,467	10,704	19,530		16,580	
	월평균	19,737	14,787	16,133	12,947	15,048	21,866	15,323	
9월	상순	34,406	18,347	19,131	13,758	34,337		23,938	
	중순	29,978	18,220	7,433	14,696	28,376		20,431	
	하순	24,893	10,629	5,809	9,535	16,631		12,265	
	월평균	29,768	15,851	9,920	12,839	26,113		18,268	
10월	상순	9,520	8,988	10,903	8,400	19,851		9,804	
	중순	10,774	15,445	10,622	12,854	23,584		13,024	
	하순	15,787	14,547	12,783	12,859	16,816		14,398	
	월평균	12,228	12,960	11,516	11,371	20,092		12,235	
11월	상순	19,965	12,097	20,615	15,915	20,535		18,805	
	중순	22,372	11,485	17,728	18,612	16,392		17,577	
	하순	21,045	12,751	15,789	26,371	16,382		17,738	
	월평균	21,079	12,111	18,031	20,232	17,822		18,695	
12월	상순	22,607	13,362	21,359	31,489	17,325		20,430	
	중순	25,440	18,303	27,042	24,540	18,255		22,761	
	하순	24,392	21,385	24,194	24,314	20,920		23,298	
	월평균	24,205	17,849	24,198	26,773	18,932		22,445	
연평균	평균	18,811	16,782	16,604	17,300	18,522			

자료:서울시농수산식품공사

<표 1-10> 늙은호박 연도별 가격 (단위: 원/개, 가락동 시장 상품기준)

월	2016년	2015년	2014년	2013년	2012년	2011년	2010년
1	11,079	18,481	8,198	13,892	10,548	12,702	8,221
2	14,280	21,295	9,146	15,093	13,680	14,974	11,918
3	15,104	22,135	9,125	17,356	16,239	18,365	14,146
4	17,271	36,958	8,410	20,433	15,752	18,071	18,292
5	19,825	37,912	7,480	23,924	19,783	19,160	19,812
6	16,538	44,362	6,926	37,232	26,840	22,896	31,348
7	11,194	26,098	7,185	28,635	14,435	17,123	27,661
8	11,100	9,338	8,136	10,700	10,893	12,343	10,850
9	11,596	12,419	8,250	8,470	10,152	12,796	8,978
10	13,917	13,752	10,109	7,726	10,010	13,412	10,356
11	10,144	13,434	12,924	8,350	11,169	11,688	12,383
12	14,402	11,831	12,004	7,585	11,654	10,920	10,919
최고	19,825	44,362	12,924	37,232	26,840	22,896	31,348
최저	10,144	9,338	6,926	7,585	10,010	10,920	8,221
평균	13,871	22,335	8,991	16,616	14,263	15,371	15,407

* 가격연보(서울시농수산물공사, 2013)

<표 1-11> 단호박 연도별 가격 (단위: 원/8kg, 가락동 시장 상품기준, 단위: 원)

월	2016년	2015년	2014년	2013년	2012년	2011년	2010년
1	6,973	15,855	15,967	14,281	21,281	16,250	12,234
2	6,907	17,802	11,258	13,138	16,241	14,459	13,579
3	7,163	15,944	11,421	12,732	17,206	14,105	11,933
4	8,996	18,458	11,810	10,342	17,335	15,079	15,556
5	6,246	11,100	11,964	10,548		16,075	16,692
6	1,159	11,376	13,008	10,168	10,817	16,730	16,000
7	6,976	7,624	8,075	8,450	11,981	13,198	13,114
8	6,808	6,844	7,964	8,018	10,360	13,739	9,482
9	9,119	7,475	9,289	10,082	10,542	17,950	11,761
10	13,350	7,505	11,806	11,443	11,993	20,866	14,108

월	2016년	2015년	2014년	2013년	2012년	2011년	2010년
11	14,223	7,614	13,102	12,103	13,194	18,506	14,640
12	13,609	7,288	14,232	12,607	13,118	18,689	14,135
최고	14,223	18,458	15,967	14,281	21,281	20,866	16,692
최저	1,159	6,844	7,964	8,018	10,360	13,198	9,482
평균	8,461	11,240	11,658	11,159	14,006	16,304	13,603

* 가격연보(서울시농수산물공사, 2013)

<표 1-12> 쥬키니호박 연도별 가격   (단위: 원/10kg, 가락동 시장 상품기준)

월	2016년	2015년	2014년	2013년	2012년	2011년	2010년
1	17,388	17,052	13,436	16,287	23,076	12,594	15,935
2	21,048	19,946	17,641	15,855	15,400	12,874	20,791
3	13,750	11,174	23,510	13,091	15,740	15,389	30,686
4	5,404	9,786	11,031	9,883	7,545	7,006	12,054
5	8,543	7,781	8,042	8,399	6,285	14,812	9,712
6	7,838	5,782	8,194	11,127	4,544	8,142	8,520
7	9,450	8,565	6,547	18,677	6,448	22,437	9,501
8	16,093	11,469	20,915	15,272	21,421	30,215	29,399
9	25,016	15,623	11,751	11,735	34,319	12,341	42,601
10	22,594	11,026	7,600	9,016	12,831	15,508	12,875
11	11,609	22,678	14,823	6,305	21,493	16,108	5,573
12	13,254	24,187	25,367	11,594	21,835	18,006	7,268
최고	25,016	24,187	25,367	18,677	34,319	30,215	42,601
최저	5,404	5,782	6,547	6,305	4,544	7,006	5,573
평균	14,332	13,756	14,071	12,270	15,911	15,453	17,076

* 가격연보(서울시농수산물공사, 2013)

<표 1-13> 2002년 가락동 시장 월별 호박 반입물량   (단위 : 톤)

월	2016년	2015년	2014년	2013년	2012년	2011년	2010년
1	5,326	5,181	5,262	5,424	4,628	5,362	4,574
2	5,274	5,061	4,953	5,118	5,687	5,020	4,368
3	6,728	6,712	6,169	6,625	6,582	6,770	4,904

월	2016년	2015년	2014년	2013년	2012년	2011년	2010년
4	8,296	7,383	7,458	7,802	7,475	7,515	6,056
5	8,534	8,614	8,238	7,915	8,797	7,058	7,554
6	8,345	8,739	8,214	7,364	8,906	7,206	7,122
7	7,864	8,540	8,554	7,533	8,884	6,470	7,859
8	7,570	8,125	7,604	8,001	7,368	6,501	6,790
9	6,844	8,080	8,905	7,383	6,793	7,647	4,780
10	7,612	7,978	7,727	8,231	7,757	6,795	6,299
11	6,545	6,261	5,754	6,516	5,613	5,653	5,994
12	6,261	6,156	5,668	6,219	5,271	5,656	5,921
총량	85,199	86,830	84,507	84,132	83,761	77,653	72,221
최고	8,534	8,739	8,905	8,231	8,906	7,647	7,859
최저	5,274	5,061	4,953	5,118	4,628	5,020	4,368
평균	7,100	7,236	7,042	7,011	6,980	6,471	6,018

* 가락동시장 가격연보. 2012.

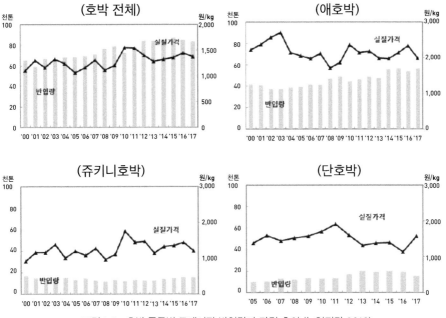

<그림 1-5> 호박 종류별 도매시장 반입량과 가격 추이 (농업전망 2018)

호박의 반입 물량은 지속적으로 증가하는 추세이고, 숙과용 소비 증가와 맞물려 단호박의 반입량이 증가하였고, 애호박 반입량은 꾸준히 증가하는 추세이다 <그림 1-5>.

표준 출하규격

농산물품질관리원에서는 농산물표준규격을 고시하였다. 이 고시는 농산물품질관리법(이하 '법'이라 한다) 제4조 및 동법 시행규칙(이하 '규칙'이라 한다) 제3조 및 제4조의 규정에 의하여 등급규격, 포장규격에 관하여 규정함으로써 농산물의 상품성 향상과 유통효율 제고 및 공정한 거래 실현에 기여함을 목적으로 한다. 이 고시에서 사용하는 용어의 정의는 다음과 같다. '등급규격'이라 함은 농산물의 품목 또는 품종별 특성에 따라 수량, 크기, 색택, 신선도, 건조도, 결점과, 성분함량 또는 선별상태 등 품질 구분에 필요한 항목을 설정하여 특, 상, 보통으로 정한 것을 말한다. '포장규격'이라 함은 거래단위, 포장치수, 포장재료, 포장방법 및 표시사항 등을 말한다. '거래단위'라 함은 농산물의 거래 시 포장에 사용되는 각종 용기 등의 무게를 제외한 내용물의 무게 또는 개수를 말한다. '포장치수'라 함은 포장재 바깥쪽의 길이, 너비, 높이를 말한다. '겉포장'이라 함은 산물 또는 속포장한 농산물의 수송을 주목적으로 한 포장을 말한다. '속포장'이라 함은 소비자가 구매하기 편리하도록 겉포장 속에 들어있는 포장을 말한다. '포장재료'라 함은 농산물을 포장하는 데 사용하는 재료로서 폐기물관리법 등 관계법령에 적합한 골판지, 그물망, P.P, P.E 등을 말한다. 호박의 등급 규격은 다음과 같다.

<표 1-14> 호박 등급규격

1. 특
   ① 낱개의 고르기
   - 쥬키니 : 평균 길이에서 ±2.5cm를 초과하는 것이 10% 이하인 것
   - 애호박 : 평균 길이에서 ±2.0cm를 초과하는 것이 10% 이하인 것
   - 풋호박 : 평균 무게에서 ±50g을 초과하는 것이 10% 이하인 것
   ② 무게 : 별도로 정하는 크기 구분표에서 「L」「M」인 것
   ③ 색택 : 품종 고유의 색깔로 광택이 뛰어난 것
   ④ 모양
   - 쥬키니 : 처음과 끝의 굵기가 거의 비슷하며, 구부러진 정도가 2.0cm 이내인 것
   - 애호박 : 처음과 끝의 굵기가 거의 비슷하며, 구부러진 것이 없는 것
   - 풋호박 : 구형 또는 난형(卵形)으로 모양이 균일한 것
   ⑤ 신선도 : 꼭지와 표피가 메마르지 않고 싱싱한 것
   ⑥ 중결점과 : 없는 것
   ⑦ 경결점과 : 없는 것
2. 상
   ① 낱개의 고르기
   - 쥬키니 : 평균 길이에서 ±2.5cm를 초과하는 것이 20% 이하인 것
   - 애호박 : 평균 길이에서 ±2.0cm를 초과하는 것이 20% 이하인 것
   - 풋호박 : 평균 무게에서 ±50g을 초과하는 것이 20% 이하인 것
   ② 무게 : 별도로 정하는 크기 구분표에서 「M」 이상인 것
   ③ 색택 : 품종 고유의 색깔로 광택이 뛰어난 것
   ④ 모양
   - 쥬키니 : 처음과 끝의 굵기가 거의 비슷하며, 구부러진 정도가 4.0cm 이내인 것
   - 애호박 : 처음과 끝의 굵기가 대체로 비슷하며, 구부러진 정도가 2.0cm 이상인 것이
           20% 이내인 것
   - 풋호박 : 구형 또는 난형(卵形)으로 모양이 대체로 균일한 것
   ⑤ 신선도 : 꼭지와 표피가 메마르지 않고 싱싱한 것
   ⑥ 중결점과 : 없는 것
   ⑦ 경결점과 : 5% 이하인 것
3. 보통
   ① 낱개의 고르기 : 특·상에 미달하는 것
   ② 무게 : 적용하지 않음
   ③ 색택 : 특·상에 미달하는 것
   ④ 모양 : 특·상에 미달하는 것
   ⑤ 신선도 : 특·상에 미달하는 것
   ⑥ 중결점과 : 5% 이하인 것(부패·변질과는 포함할 수 없음)
   ⑦ 경결점과 : 20% 이하인 것

<표 1-15> 호박의 크기 구분

품종 \ 호칭		2L	L	M	S
쥬키니	1개의 길이(cm)	30 이상	25 이상 30 미만	20 이상 25 미만	20 미만
애호박		24 이상	20 이상 24 미만	16 이상 20 미만	12 이상 16 미만
풋호박	1개의 무게(g)	500 이상	400 이상 500 미만	300 이상 400 미만	300 미만

<표 1-16> 애호박 포장규격
- 겉포장

거래단위	포장재 종류	포장치수(mm)		
		길이	너비	높이
20개	골판지	300	200	200
	골판지	314	235	220
	골판지	440	330	140
	골판지	415	260	220
40개	골판지	415	260	320
	골판지	440	330	250

* 속포장 : 1개, 2개, 5개
* 표시사항 : 품목, 산지, 품종, 등급, 무게 또는 개수, 생산자 또는 생산자, 단체의 명칭 및 전화번호

<표 1-17> 단호박 등급규격

1. 특
　① 낱개의 고르기 : 별도로 정하는 크기 구분표에서 무게가 다른 것이 섞이지 않은 것
　② 무게
　 - 미니단호박 : 별도로 정하는 크기 구분표에서 「M」 이상인 것
　③ 모양·색택 : 품종 고유의 모양과 색택이 뛰어난 것
　④ 중결점과 : 없는 것
　⑤ 경결점과 : 없는 것
2. 상
　① 낱개의 고르기 : 별도로 정하는 크기 구분표에서 무게가 다른 것이 섞이지 않은 것
　② 무게 : 적용하지 않음
　③ 모양·색택 : 품종 고유의 모양과 색택이 양호한 것
　④ 중결점과 : 없는 것
　⑤ 경결점과 : 10% 이하인 것
3. 보통
　① 낱개의 고르기 : 특·상에 미달하는 것
　② 무게 : 적용하지 않음
　③ 모양 · 색택 : 특·상에 미달하는 것
　④ 중결점과 : 5% 이하인 것(부패·변질과는 포함할 수 없음)
　⑤ 경결점과 : 20% 이하인 것

* 가벼운 결점 : 병해충과, 상해, 모양이 좋지 않은 것, 오염 등으로 품질에 영향을 미치는 정도가 경미한 것

<표 1-18> 단호박 크기 구분

구 분	호 칭	2L	L	M	S	2S
단호박	1개의 무게 (kg)	2.0 이상	1.5 이상 2.0 미만	1.0 이상 1.5 미만	1.0 미만	-
미니단호박		0.6 이상	0.5 이상 0.6 미만	0.4 이상 0.5 미만	0.3 이상 0.4 미만	0.3 미만

* 표시사항 : 품목, 산지, 품종, 등급, 무게 또는 개수, 생산자 또는 생산자 단체의 명칭 및 전화번호

03 생태적 특성과 재배환경

호박의 성상

호박은 박과에 속하는 1년생의 덩굴성 초본 식물로 암수한그루(雌雄同株)이며 단성화를 가지고 있다. 줄기는 덩굴성으로 길게 자라는데 페포종 호박 중에는 덩굴성 품종도 있지만 마디 사이가 짧아 비덩굴성을 나타내는 품종이 많다. 뿌리는 깊고 넓게 분포하여 흡비력과 내건성이 매우 강하다. 직파하는 경우 직근은 2m까지 자라며 측근이 잘 발달하여 양수분 흡수에 유리한 근계를 형성한다. 꽃은 줄기의 엽액에 단독으로 착생하는데 암꽃은 꽃자루가 짧고 굵으며, 수꽃은 꽃자루가 길고 가늘며 덩굴의 아랫부분에 맺힌다.

호박은 품종이 다양하여 그에 따라 과실의 모양, 크기, 색깔, 무늬, 육질 등의 특성도 다양하다. 과일의 착과 습성도 종에 따라 차이가 있지만 동양종 재래호박은 대체로 상부에 3~5마디 건너 맺힌다. 일반적으로 단위결과성이 약하기 때문에 시설 내에서는 인공수분이나 착과제 처리가 필요하다. 종자는 다른 박과채소에 비해 크며 색깔과 형태는 품종에 따라 다르다. 떡잎이 잘 발달된 무배유종자(無胚乳種子)로 수확 후 2~8주 정도 휴면한다. 자연재해에 견디는 힘이 강하여 과채류 중에 작황이 비교적 안정되어 있다. 숙과는 수확횟수가 적어 노동력 투입비용이 적고, 수송이나 저장이 용이한 편이다. 그러나 청과는 적기에 여러 번 수확해야 하며, 다수확을 위해서는 수시로 알맞게 추비를 해야 한다. 그리고 청과는 껍질이 연하여 상처를 받기 쉬우므로 알맞은 상자에 넣어서 수송에 각별한 주의를 요한다.

온도

박과채소 중 가장 저온성이며 그중에서도 페포종 호박은 저온신장성이 강해 시설재배에 적합하다. 저온에 잘 견디기 때문에 노지재배에서는 다른 과채류보다 일찍 정식된다. 그러나 서리에 극히 약하기 때문에 노지의 조기 정식에는 종이나 비닐 고깔을 씌워야 한다. 또한 고온에도 잘 견디지만 착과가 불량하고 바이러스병, 흰가루병 등의 병해 피해를 잘 받는다. 동양종 호박은 내서성이 있는 반면, 서양종 호박이나 쥬키니호박은 서늘한 기후에서 잘 자란다. 흑종 호박은 원산지에서는 숙근 다년생이나 온대에서는 서리가 오기 때문에 1년생이다. 우리나라 재래종 호박은 동양종 호박으로 온대 또는 열대의 고온다습지대에서도 재배된다.

종자의 발아최저온도는 15℃이고, 최적온도는 25~28℃이다. 30℃ 이상이 되면 발아가 억제된다. 생육적온은 보통 낮온도 23~25℃, 밤온도 13~15℃이나 서양종 호박은 평균기온이 22~23℃를 넘으면 탄수화물의 축적이 저하된다. 35℃ 이상에서는 화아의 발육에 이상이 일어나며 수정 가능 최저온도는 10℃ 전후로 오이·멜론에 비하여 상당히 낮은 편이지만 온도가 낮을수록 착과율이 떨어지므로 16℃ 이상은 확보해야 한다.

토양

토질에 대한 적응성은 넓지만 인산이 결핍된 화산회토에서는 활착이 나빠 조기재배에서는 적합하지 않다. 일반적으로 사토에서 양토까지 적응력이 높지만 사토일수록 조생화된다. 토양의 pH는 5.6~6.8이 적합하고, 내건성이고 흡비력이 강하여 연작에도 잘 견딘다. 근의 발달이 극히 왕성하여 다른 박과류처럼 주위 4~5m의 넓은 범위에 분포한다. 흡비력이 강한 반면 시비효과도 높아 표준 시비를 100으로 할 경우 무비료 11, 무질소 14로 비료결핍의 영향이 현저하다. 특히 화산회토에서는 인산의 비효가 높으며 점질토나 다습지에서는 초기 생육이 떨어지고 생육 후기에는 헛줄기만 나오기 쉽다.

광

호박의 광포화점은 45klx(킬로룩스)이고, 광보상점은 1.5klx(킬로룩스)로 박과 채소 중 약광에 견디는 힘이 강하다. 그러나 일조가 부족하면 생장과 착과가 억제되고 낙과가 많이 발생한다. 종자 발아에는 광을 싫어하여 발아할 때 광이 있으면 발아가 억제된다. 품종에 따라 차이가 있으나 단일조건은 암꽃 맺힘을 촉진한다.

개화습성과 결실

암꽃의 분화는 저온단일에서 유기되며 품종에 따라 다소 차이가 있지만 동양종 재래호박의 경우 저온단일조건에서 제1암꽃은 7~8절에 착생되며 그 후에는 4~5절마다 착생된다. 단일은 저온하에서는 효과가 크게 나타나지만 고온하에서는 그 효과가 적다. 원산지가 중앙아메리카 저위도(짧은 일장과 고온조건)인 동양종 호박은 저온조건보다 단일조건에서, 단호박은 단일조건보다 저온조건에서 각각 암꽃 발생이 촉진되는 경향이 있다. 흑종 호박은 아주 척박한 토양에서 재배하여 발육을 억제시키면 고온 장일기에도 암꽃이 착생된다.

개화에는 6~9시간의 계속된 암흑이 필요하고 28℃ 이상에서는 차광하더라도 완전 개화하지 않으며 13℃ 이하에서는 연속 조명하에서도 완전 개화한다. 일반적으로 본엽 2장 전개 시에 저온 10~13℃에서 8시간의 단일처리를 하면 11~12절에 암꽃이 착생한다. 단위결과성이 약하기 때문에 착과를 위해서는 인공수분 해야 한다. 꽃이 피는 시간은 오전 3시 30분~5시 사이에 시작되고 오후 1시나 2시경에 진다. 화분의 발아력은 개화 전일 오후 3시경부터 활력이 증가되어 한밤중에 최고가 된다. 그 후 시간이 경과되면 활력이 저하되어 개화 당일 오전 9시 이후는 착과에 필요한 활력 이하가 된다.

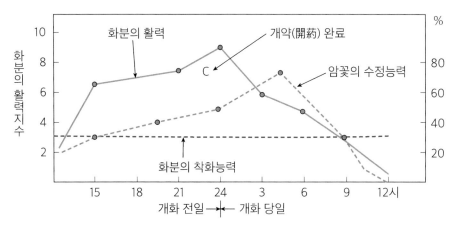

<그림 1-6> 호박 화분의 활력과 암꽃의 수정능력(早瀨, 1959)

암꽃의 수정 능력은 개화 당일 오전 4~6시 최고가 된다. 따라서 좋은 결실률을 얻기 위해서는 가능한 한 아침 일찍 수분을 해야 한다. 이 외에도 질소과다, 과습, 개화 전 4~5일간의 기상불순, 고온관리, 밀식, 정지불량에 의한 과번무는 암꽃의 발달을 억제시켜 낙과의 원인이 된다.

호박

제2장

품종군의 특성과
재배기술

1. 품종군의 유형과 특성
2. 재배기술

01 품종군의 유형과 특성

품종군의 주요 특성

호박은 식물학적으로 6종이 재배되고 있는데 동양종 호박(*Cucurbita moschata*), 서양종 호박(*C. maxima*), 페포종 호박(*C. pepo*), 종간 교잡종 호박(*C. interspecific-hybrida*), 흑종 호박(*C. ficifolia*) 및 녹조종 호박(*C. argyrosperma*)이다. 호박속 (*Cucurbita* 속) 식물은 중앙·남아메리카에 현재 30여 종이 분포하고 있는 것으로 알려져 있으나 크게 1년생과 다년생으로 나눌 수 있으며 식용으로 이용하는 호박 은 1년생의 동양종, 서양종, 페포종 및 종간 교잡종 4종이다.

동양종 호박은 청과, 숙과겸용으로 하는 재래종 호박이다. 이 계통은 장타원형 과 편원형 두가지 모양으로 나누어진다. 이들 재래종 호박은 주로 노지 조숙재 배나 여름재배용으로 재배되어 왔다. 최근에는 재래종 호박의 마디성(암꽃이 많이 피는)과 저온신장성을 향상시킨 시판 1대잡종(F1)이 시설이나 노지에서 재배되고 있는데 이들은 애호박, 풋호박의 명칭을 붙여 시판되고 있다.

우리나라에서 재배되는 대표적인 페포계 호박은 쥬키니계통으로 저온신장성 이 매우 양호하여 촉성 또는 반촉성재배로 적합하지만 동양종에 비해 품질이 떨어져 애호박, 풋호박이 출하되면 수요는 현저히 줄어든다. 시설재배에 적합 한 품종은 일반적으로 저온 착과성이 좋고 절간이 짧으며, 다기성이 강하고 잎 이 작아야 한다.

서양종 호박은 현재 우리나라에서 일본 수출용으로 재배되고 있는 단호박이 대표적이다. 최근 들어 단호박에 대한 수요가 증가하면서 재배 면적과 소비가 급격하게 늘어나고 있다.

품종의 생태적 특성

가. 동양종 호박(*C. moschata* Duch.)

동양종 호박(*C. moschata*)은 기원전 5,000년 멕시코와 기원전 3000년 페루 유적지에서 종자가 발견되었으며, 멕시코와 남아메리카 및 미국남서부에서 콜럼버스의 아메리카 대륙 도착 이전부터 재배되어 왔으나 *C. moschata*의 야생 조상은 현재 알려져 있지 않다. 동양종 호박은 온대 북부로부터 열대 아시아의 다습지대까지 넓은 지역에서 채소용으로 발달되어 있으며 인도, 말레이시아, 중국, 한국, 일본 등 여러 나라에서 호박 품종의 주체를 이루어 왔다. 우리나라 재래종 호박이 이에 속하는데 재배호박 가운데 저온에 제일 약하나 고온에는 강한 편이다. 동양종 호박은 청과와 숙과를 모두 식용으로 소비하는 호박으로 우리나라에서 오래전부터 재배되고 있어 각 지역의 재래종으로서 특색이 있는 것도 있다. 동양종 호박은 저온에 약하며 고온다습한 지대에서 생육이 왕성하고 병해충에 강하며 숙과의 저장성이 양호하다. 과실은 크고 익으면 황색이 되며, 육질은 점질이지만 익기 전부터 풍미가 있다. 과실자루는 5각형이며 서양종 호박의 원통형과 대조가 된다. 줄기는 가늘고 분지성이 크다. 뿌리는 잔뿌리의 재생력이 크고 이식성이 강하다. 이 품종들은 저온신장성이 다소 높

애호박   원예402호

풋호박

버터넛

늙은호박(맷돌호박)

<그림 2-1> 동양종 호박

나. 서양종 호박(*C. maxima* Duch.)

서양종 호박은 페루, 볼리비아, 칠레 등 고랭지의 건조지대가 원산지로 덩굴
성과 비덩굴성이 있으며 소화흡수가 잘되는 당질과 비타민 A의 함량이 높
아 식품가치가 우수하다. 재배 품종군으로는 하바드(Hubbard), 데리셔스
(Delicious), 터번(Turban) 및 맘모스(Mammoth)군이 있으며, 우리나라에서
단호박 또는 밤호박으로 불리는 품종과 약호박, 대형호박 등이 서양종 호박에
속하며 서늘하고 건조한 기후에 잘 자란다. 과실은 방추형, 편원형 등의 모양
이 있고, 색깔은 흑록색, 회색, 등황색 등이 있으며 육질은 분질이 많고 완숙해
야 풍미가 난다. 과실자루는 원통형이며 줄기는 원줄기의 신장력이 강하고 분
지성이 약하며 뿌리의 재생력도 약하다.

| 단호박 | 미니 단호박 | 꽃호박 |
| 대형호박 | 할로윈용 호박 | 터키터반 |

<그림 2-2> 서양종 호박

다. 페포종 호박(*C. pepo* L.)

페포종 호박의 기원은 고고학적 발굴로 보아 멕시코 북부와 북아메리카 서부라고 할 수 있다. 그 중에서 가장 오래된 것은 멕시코의 오캄포 동굴에서 나온 것으로 기원전 7,000~5,500년의 지층에서 발견된 종자와 과피이다. 페포종 호박은 20kg이 넘는 큰 과실로부터 100g가량의 작은 과실까지 있다. 또한 다른 종의 호박보다 서늘한 기후를 요구한다는 특징이 있다. 우리나라에서 재배되는 페포종의 호박은 주로 청과용으로 이용되는 쥬키니계다. 이 계통은 비덩굴성으로 마디사이가 좁고 잎과 과실이 총생하는데 생육기간이 비교적 짧고 저온에 잘 견디므로 남부지방의 촉성재배용으로 많이 이용되고 있다. 저온신장성이 매우 강하여 촉성 또는 반촉성재배로 양호하나 품질이 낮아 동양계 애호박, 풋호박이 출하되면 그 수요가 현저히 줄어든다. 최근에는 국수호박, 호박종자를 먹는 종피가 없는 호박이 페포종 호박에 속하며 과실이 작고 모양이 기이하고 다양한 무늬와 색깔을 띠는 관상용 호박도 페포종이 많다.

페포종인 쥬키니호박류

국수호박

종자를 먹는 무종피 호박 　　　　　　다양한 종류의 관상용 호박

<그림 2-3> 페포종 호박

라. 종간 교잡종 호박(*C. interspecific* - hybrida)

동양종 호박과 페포종 호박인 쥬키니계통과 종간교잡으로 육성된 것들은 거의 청과로 이용되고 있다. 이것들은 암꽃의 착생이 많으며 마디사이가 짧고 저온신장성이 양호하여 반촉성 또는 봄철 조기 하우스 재배에 많이 이용되고

있다. 그러나 고온에 견디는 힘이 약하고 바이러스에 약하여 한여름을 넘기기가 어렵다.

서양종 호박과 동양종 호박의 종간잡종인 신토좌는 주로 대목용으로 이용한다. 흡비력이 강하여 생육이 왕성하며 덩굴쪼김병 등 토양전염병에 강하고 습해에 견디는 힘도 강하다. 흰가루병이나 역병에도 강하고 저장성도 있다. 꽃가루가 불임이므로 화분친 품종을 10%정도 혼식할 필요가 있다. 과실의 외관은 좋지 않으므로 오이, 멜론, 수박의 대목용으로 주로 사용되고 있다.

<그림 2-4> 다양한 종류의 종간잡종 호박

마. 흑종 호박(*C. ficifolia* Bouche)

흑종 호박은 멕시코의 중남부지역이 원산지인 것으로 추정되며 멕시코에서부터 중미, 콜롬비아, 페루까지 분포한다. 우리나라에서는 식용으로 이용하지 않고 뿌리부분을 오이와 접목해 대목용으로 사용하고 있다. 그 이유는 오이와 접목하여 재배할 때 친화성과 저온신장성이 있고 내한성, 내병충성이 강하기 때문이다.

흑종 호박은 서늘한 지역에 적응성이 있는 다년생 초본으로 과실은 녹색바탕에 흰점이 있으며 과피가 단단하다. 암꽃이 먼저 성숙하는 자예선숙으로 숫꽃이 제1암꽃보다 상당히 늦게 개화한다. 따라서 생육초기에 개화하는 암꽃은 수정하는 기회가 적어 낙과하므로 영양생장이 초기에 강하여 도장하게 된다. 그 결과 암꽃의 착과에도 이상이 생기게 된다. 또한 이렇게 하여 개화기가 늦어져 암꽃의 개화기가 장마기와 만나게 되면 한층 수정이 어렵게 되어 낙과가 심하게 되어 더욱더 줄기와 잎이 무성하게 된다. 그리고 난 뒤 여름이 오면 생장이 억제되어져 다시 개화되어 착과가 되지만 종자의 등숙이 불충분하여 발아가 잘 안된다. 또한 종자는 휴면이 있으므로 조기착과 시켜 완숙된 후 수확해서 후숙하지 않고 곧바로 채종하면 휴면을 줄일 수 있다. 채종을 위해서는 화분주와 모주의 개화기를 맞추기 위하여 화분용주는 2월 중순, 모분주는 1개월 늦은 3월 중순에 파종한다.

흑종 호박

흑종 호박의 과실 모양

<그림 2-5> 흑종 호박

바. 녹조종 호박(*C. argyrosperma*)

동양종 호박에 가장 가까운 이 호박종은 종간교배도 쉽게 이루어 진다. 1900년대 초반까지도 Cucurbita mixta라고 불리기도 하였다. 잘 알려진 품종으로는 'Campeche', 'Japanese Pie', 'Cochita Pueblo', 'Green Striped Cushaw', 'Jonathan', 'Tennessee Sweet Potato' 등이 있었지만 전세계적으로 많이 재배되지 않고 있다.

<그림 2-6> 녹조종 호박

02 재배기술

작형의 분화

과거에는 주로 노지재배에 많이 의존했었지만 시설원예의 발달과 더불어 재배작형이 매우 다양해져 청과용 애호박, 풋호박 및 쥬키니호박은 연중 생산되고 있다.

가. 촉성재배

남부지방을 중심으로 10월 중순~하순경에 파종하여 1~3월에 수확하는 재배방식이다. 겨울이 온난한 남부지방에서 하우스 내에 가온을 하거나 2중 피복으로 보온하여 재배한다. 월동기간 중 가온 또는 보온을 위하여 시설이 필요하므로 생산비가 많이 드는 단점이 있다. 이 방식은 혹한기 재배이므로 밤의 온도가 최소한 10℃ 이하로 내려가지 않도록 보온을 철저히 하고, 낮에는 25℃ 정도가 되도록 관리한다. 적응 품종은 내한성이 강하며 덩굴이 뻗지 않아 단위면적당 많이 심고 있는 쥬키니 계통의 호박이 유리하다.

나. 반촉성재배

기온이 비교적 따뜻한 남부지방과 난방시설을 갖춘 중부지방을 중심으로 12월 중~하순에 파종하여 1월 하순~2월 상순에 정식을 하고, 3월 중순부터 5월 하순까지 수확하는 재배방식이다. 중부지방에서는 생육 초기에 짧은 기간 동안 가온하지만 남부지방은 무가온으로 재배하는 방식이다.

다. 하우스 조숙재배

이 작형은 1월 하순~2월 상순에 파종하여 3월 중순에 정식하는 재배방법으로, 수확은 4월 하순에 시작하여 7월 상순까지 한다. 따라서 중부 이북지방에서는 반드시 보온을 철저히 하고 가능한 한 2중 커튼을 설치하여 저온장해를 받지 않도록 해야 한다.

라. 노지 조숙재배

3월 하순에 온상 육묘하여 서리의 위험이 없는 5월 상순(남부지방), 중순(중부지방)경에 정식하는 재배방식이다. 노지에 정식하게 되므로 육묘 후기에 충분히 경화시켜 노지 환경에 적응이 잘 되도록 한다. 늦서리의 피해를 막기 위해서는 종이고깔이나 터널을 설치하여 늦서리로 인한 피해가 발생하지 않을 것으로 판단되면 제거해 준다.

마. 노지재배

4월 중순~5월 상순에 노지에 직파하여 6월 중순~9월 하순까지 수확하는 재배방식이다. 발아 후 한 달까지는 저온과 한발의 영향으로 초기 생육이 불량할 염려가 있으므로 온도와 관수관리에 주의를 요한다. 한여름을 넘기려면 내서성이 강한 재래종 호박을 심도록 한다.

바. 시설억제재배

8월 상하순에 파종하며 10월 하순~12월 하순에 수확하는 재배방식으로서 비닐하우스 내에 정식하여 12월에는 가온을 한다. 남부지방에서 소규모로 재배되고 있다. 고온기에 육묘하기 때문에 묘가 웃자라기 쉬우므로 육묘관리를 잘하고, 육묘 일수는 20~25일 정도로 짧게 하여 정식한다. 진딧물에 의하여 바이러스병이 생기므로 하우스 측면에 한랭사망을 씌워 외부로부터 진딧물 침입을 막아준다. 또한 주기적으로 살충제를 살포하여 시설 내에서도 진딧물 발생을 막아준다. 9월 하순경에는 측면에 비닐을 쳐서 야간에 보온하여 준다. 10월 하순부터는 2중 피복을 하여 보온에 더욱 힘써야 한다. 이 작형은 고온장일조건 상태에서 육묘가 되므로 차광망 등을 사용하여 저온단일 조건을 인위적으로 만들어 주어야 한다.

사. 고랭지재배

5월 상순 노지에 직파하여 7월 하순~9월까지 수확하는 재배방식이며, 평지 여름재배 방식과 비슷하다. 그러나 고랭지의 서늘한 기후에서 재배되므로 비교적 내서성이 약한 시판 1대 잡종의 애호박이나 풋호박 계통을 이용하거나 내서성이 강한 재래종을 이용할 수 있다.

상토 준비

육묘용 상토는 비료의 유무에 따라 상토 내에 육묘 시 필요한 비료가 들어있는 기비상토와 비료가 전혀 들어있지 않은 무비상토로 구분할 수 있다. 기비상토는 기본적으로 비료가 들어 있기 때문에 육묘 시 무비상토에 비해 추비관리에 크게 신경 쓰지 않아도 되지만 초세 조절이 어려워 묘가 웃자랄 우려가 있으므로 주의해야 한다. 이와 반대로 무비상토는 묘의 상태를 보면서 육묘용 양액 등으로 초세 조절을 하기 때문에 도장될 우려는 없지만 자칫 각종 영양장해가 발생될 염려가 있다. 따라서 상토의 선택은 육묘시설과 개인의 육묘 기술 등을 감안하여 선택하는 것이 바람직하다.

좋은 상토의 조건은 통기성과 보수성이 좋고, pH는 5.5~6.5 정도이고 EC는 1.2mS/cm(1:5) 이하로 병해충에 오염되어 있지 않은 것이다.

가. 조제상토

조제상토에서 가장 이상적인 상토의 배합은 유기물과 흙이 반반 정도 섞여 있는 것이다. 사용하는 유기물은 썩은 낙엽이 가장 좋고, 왕겨를 썩혀서 사용하거나 태운 훈탄을 사용하기도 한다.

원예연구소에서 추천하는 속성상토는 적토 30% + 마사토 40% + 부숙퇴비

(톱밥, 볏짚, 부엽토 등) 30% 비율(용적비)로 혼합하고, 이 혼합토 1,000L당 질소 100~200g, 인산 200~400g, 칼리 100~200g, 소석회 2kg, 지오라이트 2kg을 잘 섞어 혼합한 조성이다. 속성상토 조성 시에는 유기물의 선택이 중요한데 톱밥, 바크 등은 적어도 1년 이상 퇴적시켜 완전 발효된 것을 이용해야 한다. 만약 완전 발효가 되지 않은 상토를 사용하게 되면 각종 가스가 발생되어 묘가 자라지 않는 등의 가스 장해를 받을 수 있기 때문이다.

또한 상토조제 시 석회를 너무 많이 넣으면 질소, 철분 및 마그네슘을 흡수하지 못하여 묘의 새로 나서 자란 가지가 노랗게 돼서 잘 자라지 못할 수도 있으므로 주의해야 한다. 미숙 유기물은 가스 발생의 염려가 있으므로 가능한 한 사용하지 않는 것이 좋다. 특히 저온기 육묘 시에는 밀폐를 하기 때문에 가스장해를 입기 쉬우므로 계분이나 유박 등의 유기질 비료를 사용할 때는 더욱 주의해야 한다.

조제상토는 소독하여 쓰는 것이 안전한데 사용 1개월 전 상토 1,000L당 메틸브로마이드 300g을 넣어서 훈증소독을 실시하고, 사용 3~4일 전 철판 위에 15㎝ 정도의 두께로 깔고 수분이 충분하도록 물을 뿌린 후 거적을 덮어서 약 75℃에서 20분 정도씩 2번 뒤집어 증기소독을 실시한다. 속성상토는 파종이나 이식 약 2주 전부터 준비하는데 7일 정도 밀폐하여 두었다가 벗겨 2~3회 뒤적인 뒤 포트에 담아 사용하여야 가스 피해를 막을 수 있다.

나. 시판 경량상토

조제상토는 작업이 번거롭고, 안전하고 좋은 재료의 입수가 어려우므로 최근 규격화된 경량상토를 구입하여 사용하는 농가가 증가하고 있다.

경량상토는 가비중이 0.3kg/L정도로 가볍고, 비효가 오래 유지되며 pH 5.5~6.5 정도의 약산성 상토가 좋다. 또한 제조회사에 따라 비료함량이 다양하므로 반드시 상토 내에 비료 성분이 어느 정도 들어 있는지 확인해야 한다. 구입한 시판상토는 다른 재료와 임의로 섞어 사용하지 말고, 너무 많이 담거나 짓누르지 말아야 한다. 포트가 작고 관수를 많이 하면 비료 부족 현상이 일찍 나타날 수 있으므로 주의하고, 시기를 놓치지 말고 추비를 주어야 한다.

육묘

가. 파종

재배할 품종이 결정되면 종자를 구입해서 소독해야 하는데, 시판중인 F1종자는 대부분 종자 소독이 되어 있어 소독할 필요는 없으나 소독이 되어 있지 않은 종자를 구입했을 경우에는 반드시 소독해야 한다. 소독약제로는 벤레이트 티 등 시중에서 판매되고 있는 종자 소독약을 선택하여 기준 사용량을 지켜서 사용하면 된다. 소독은 1시간 정도로 하고 소독한 후 깨끗한 물로 소독약을 씻어내고 준비된 파종상에 파종한다. 이때 파종상의 온도는 25~27℃ 정도로 한다. 파종은 플러그 트레이를 이용할 경우, 종자 크기에 맞게 구멍을 뚫고, 종자를 넣은 후 종자가 약간 덮일 정도로 복토를 한다. 복토는 버미큘라이트 등 복토 전용 상토를 사용하면 좋고, 만약 복토 전용 상토를 구입하지 못했을 경우에는 사용하던 경량 상토로 복토를 해도 된다. 플러그 트레이 크기는 크면 클수록 좋지만 크기가 큰 것일수록 상토량이 많이 들어가고, 작은 크기는 상토가 적게 들어가지만 외부환경 변화에 쉽게 영향을 받으므로 적당한 크기를 결정해야 한다. 호박은 잎이 넓기 때문에 50공 이하 크기면 적당할 것으로 생각되고, 호박 육묘에 가장 많이 사용하는 크기는 32공이다.

플러그 트레이를 이용하지 않을 경우에는 일반 파종상과 일반 포트에 상토를 담고, 파종을 한다. 파종상에 파종할 경우에는 파종 간격을 5~6cm × 1~1.5cm로 하여 줄뿌림하는 것이 좋고, 파종 후 상토나 모래, 버미큘라이트 등으로 복토한 후 볏짚이나 신문지로 덮어주고, 20℃ 정도의 미지근한 물로 관수한다. 파종 후 온도는 주간에는 30℃, 야간 최저온도는 18℃ 이상으로 유지해 준다. 4~5일이 경과되면 발아를 하게 되는데 이때 짚을 벗겨 준다. 발아 후 관리는 먼저 낮온도를 22~24℃, 밤온도를 15~18℃로 낮춘다. 그런 다음 순차적으로 온도를 낮추어 묘가 웃자라지 않도록 한다. 파종상의 온도가 너무 낮고 밀폐되어 다습하게 되면 묘 잘록병이 발생하기 쉬우므로 육묘상 내의 온도를 충분히 유지시키면서 환기를 시켜 묘가 도장하지 않도록 주의해야 한다.

일반 포트에 파종할 경우에는 포트에 상토를 80~90% 정도 채우고, 거기에 종자가 들어갈 정도로 구멍을 뚫은 다음 종자를 파종한 후 복토를 하면 된다.

나. 가식

플러그 트레이나 일반 포트에 파종한 경우는 특별한 경우를 제외하고 가식을 할 필요는 없다. 그러나 일반 파종상에 줄뿌림 방법으로 파종했을 경우에는 가식을 해야 하는데, 가식은 발아 후 본엽이 나올 무렵인 파종 후 7~10일경에 실시한다. 가식은 일반 포트에 하게 되는데, 포트의 직경이 13~15cm 정도 되는 것에 상토를 넣고, 여기에 가식을 한다. 가식 후의 온도는 가식 전 파종상의 온도보다 2~3℃ 정도 높여 주어 뿌리의 활착을 촉진시켜 준다. 가식을 할 때는 가능한 한 얕게 심어야 활착이 잘 되고, 빨리 되므로 얕게 심는 것이 좋다. 가식은 맑은 날을 택하여 최소한 오후 2시 이전에 끝내도록 한다.

다. 묘 굳히기(馴化)

육묘 후기에는 모종을 굳혀서 정식 후 활착이 잘 되도록 해야 하고, 환경조건에 적응할 수 있도록 정식 포장과 같은 조건에서 순화를 시켜야 한다. 정식 포장은 지역과 재배 작형에 따라 다르지만 노지재배나 억제재배를 제외한 작형은 온도가 낮은 조건에 처하게 될 가능성이 높기 때문에, 주간온도를 20~21℃, 야간온도를 10℃ 정도로 낮게 관리하는 것이 순화를 시키는 과정이라 할 수 있다. 그러나 이러한 온도를 만들어 주는 것도 갑작스럽게 온도를 낮추는 것은 위험하므로 며칠간에 걸쳐서 온도를 서서히 낮추어 주는 것이 필요하다. 온도뿐만 아니라 일반포트에 파종을 한 경우는 호박이 커가면서 간격이 좁으면 잎과 잎이 서로 겹치고, 그늘이 져서 묘가 도장될 뿐 아니라 정식 후 스트레스를 많이 받게 되므로, 포트와 포트 사이의 간격을 충분히 넓혀서 잎이 서로 겹쳐지지 않도록 하여 햇빛을 많이 받도록 해주어야 한다. 그리고 물 주는 양을 줄여 주고, 정식하기 1주일 전에는 묘 생육 상태를 봐서 영양이 부족하다고 느낄 때는 요소 엽면살포(요소 0.3~0.4%)를 관수와 겸하여 실시해 준다. 그러나 요소 엽면살포는 온도가 높을 때나 오후 늦게 살포한 후 밀폐하면 장해가 발생되므로 주의해야 한다.

처리조건 \ 항목	정식 시 잎면적 (㎠)	정식 1개월 후 줄기 길이 (cm)	첫 암꽃 개화기 (월·일)	첫 암꽃 절위	수량 (kg)	착과율(%) 1번과	착과율(%) 전체
육묘 온도 (℃) 10	63	319	6.17	10.5	8.0	35	49
육묘 온도 (℃) 15	167	333	6.17	11.7	8.6	60	46
육묘 온도 (℃) 20	160	295	6.18	12.7	7.5	64	36

라. 육묘 중의 관리

호박도 다른 박과채소와 마찬가지로 육묘기간 동안 저온단일 처리를 함으로써 암꽃의 착생 수를 높일 수 있다. 단일처리 시기는 자엽기(떡잎만 있을 때)에는 효과가 없고, 본잎의 잎면적이 최저 7~8㎠(제1 본잎이 반전개된 상태) 이상 되어야 효과가 있으며 본잎 1~2장 때가 적기이다. 단일처리 시간은 8~10시간이 적당하다. 촉성, 반촉성재배 시에는 일장이 짧고, 보온관계상 피복을 실시하면 단일처리가 자동적으로 이루어져 특별히 단일처리를 할 필요는 없다. 그러나 조숙재배나 여름재배 및 노지억제재배의 경우에는 일장이 길기 때문에 암꽃이 적게 나와 수확량이 줄어들 수 있으므로 단일처리가 필요하다.

단일처리 방법은 육묘 중에 있는 묘를 해가 뜬 뒤로부터 8~10시간째에 그늘에 넣어 둔다든지 차광망을 씌워 햇빛을 받지 않도록 해주면 된다. 이러한 처리가 곤란할 경우에는 에스렐과 같은 약제처리로 암꽃을 증가시킬 수 있다. 에스렐은 고농도로 처리하게 되면 낙엽이 되어 오히려 잎이 다 떨어지게 되므로 주의해야 하고, 잎 뒷면에 처리하는 것이 효과가 있다. 처리방법은 에스렐을 100~200ppm으로 희석하여 잎의 뒷면에 살포해 주면 된다. 에스렐을 고성능 농약 살포기에 넣고, 호박밭 전체에 살포하는 것은 매우 위험한 일이므로 생장점 아래 잎이 완전히 전개된 1~3장 정도의 잎에만 살포해 주어야 한다.

<표 2-2> 호박 육묘기 에스렐 처리가 암꽃 착생절위 및 수량에 미치는 영향

에스렐의 농도 (ppm)	첫 암꽃 착화절위 (마디)	수꽃/ 암꽃	조기 수량(주당)		총 수량(주당)		
			과수 (개)	중량 (g)	과수 (개)	중량 (kg)	지수(과수)
100	2.8	0.1/5.3	1.5	809	6.1	4.54	122
200	3.4	0/4.5	1.7	918	6.9	4.88	138
400	5.0	0/3.3	0.4	201	5.7	3.76	114
무처리	9.9	2.3/1.9	0.1	63	5.0	3.31	100

육묘 중의 관수는 과다하면 웃자랄 염려가 있고, 너무 건조하면 묘가 시들어 잘 자라지 않아 묘 소질이 떨어지므로 상토 흙을 자주 관찰하여 물이 부족하지 않도록 알맞게 관수를 해야 한다. 특히 호박은 자라면서 많은 양의 수분이 필요하게 되는데, 트레이의 셀 크기가 작은 것을 사용하면 상토량이 적어 쉽게 건조하게 되므로 상토의 건조 상태를 잘 관찰하여 물이 부족하지 않도록 세심한 주의가 필요하다.

육묘 중에는 병의 발생은 많지 않으나 흰가루병 등 자주 발생하는 병은 수시로 호박 잎 등을 관찰하여 병이 진전되지 않도록 적기에 약제 살포를 해야 한다. 또한 총채벌레나 온실가루이, 굴파리 등 충해는 육묘 시에도 많이 발생하므로 항상 잎 뒷면을 관찰하여 충해를 받지 않도록 해야 한다.

마. 정식 준비

정식 전에 꼭 필요한 것이 있다면 사전 토양분석이다. 최근 연작장해 및 염류 집적 등으로 각종 생리장해가 많이 발생하고 있는데, 이것은 토양관리를 적절하게 하지 못한 것이 가장 큰 원인이다. 따라서 토양을 사전에 분석하여 토양에 남아 있는 비료량을 계산해 부족한 양만을 시비하는 지혜가 필요하다. 정상적인 토양이라면 퇴비(1,500kg/10a)와 고토석회(200kg/10a)를 정식 1개월 전에 전면살포한 후 경운하고, 정식 1주일 전에는 밑거름으로 질소질은 총량의 50%, 칼리질 비료는 총량의 40%, 인산은 전량을 넣고, 경운한 후 두둑을 만든다.

각종 병해충 등으로 인하여 토양소독이 필요할 경우 토양소독을 할 수 있는데, 클로로피크린을 사용하는 경우에는 10a당 30L를 정식 1개월 전까지, 메틸브로마이드를 사용할 경우에는 약 40kg을 정식 10일 전까지 처리할 수 있다. 그러나 토양소독 후 토양 속에 약제 성분이 남아 있어 정식 후 가스 피해를 입는 경우가 간혹 있어 토양소독 후 남아 있는 가스가 완전히 빠져 나가도록 해 주어야 하므로 가능한 시간적인 여유를 두고, 소독을 실시하는 것이 좋다.

저온기 재배 시에는 하우스의 비닐과 2중 커튼을 정식 2주일 전에 설치하여 온도를 확보하는 것이 필요하고, 정식 4~5일 전에는 멀칭 비닐을 깔아서 지온을 높이도록 한다.

정식 하루 전에 육묘 중인 호박에 충분히 물을 주어서 정식 때 포트로부터 호박을 빼낼 때 포트 흙이 깨지지 않도록 한다.

정식

정식 적기는 발아 후 육묘 포트의 크기와 육묘 시기에 따라 다르지만 보통 25~35일경으로, 본 잎이 4~6장 정도일 때가 적기이다. 정식 작업은 가능한 한 오후 2시 이전에 작업을 끝내야 한다. 나머지 시간은 터널이나 하우스 내에 충분한 빛을 받을 수 있도록 해주어야 한다. 가온의 경우에는 정식일부터 가온을 하며 무가온의 경우엔 하우스 보온에 주의해야 한다.

가. 재식거리

재식거리는 덩굴이 길게 뻗는 동양종과 덩굴이 길게 뻗지 않는 페포종에 따라 다르고, 줄 유인재배와 포복재배에 따라 다르지만 기본 원칙은 잎과 잎이 겹치지 않는 범위 내에서 좁혀 심을 수 있다. 덩굴이 길게 뻗는 풋호박이나 애호박을 줄 유인재배 할 경우에는 다른 것에 비해 밀식을 할 수 있는데, 이랑 폭을 1.5~2.0m로 하고, 주간 거리를 45~60cm 정도로 하면 적당하다. 애호박과 풋호박을 포복재배 할 경우에는 주간 거리가 좁으면 잎과 잎이 서로 겹쳐 품질이 떨어질 가능성이 높으므로 이랑 폭을 2m 내외로 하고, 주간 거리를 50~60cm 정도로 넓게 하는 것이 좋다.

쥬키니호박은 애호박이나 풋호박처럼 줄기가 뻗지 않고, 자라기 때문에 어느 정도는 밀식을 할 수 있는데, 이랑 폭을 1.0~1.5m 정도로 하고, 주간 거리는 40~55cm 정도로 하면 적당하다.

늙은호박인 숙과용 호박은 줄기가 길게 뻗기 때문에 넓게 심어야 하므로 이랑 폭을 2~3m 정도로 하고, 주간 거리는 40~90cm 정도로 하는 것이 적당하다. 미국의 경우는 파종부터 수확까지 기계로 하고 있는데 숙과용 호박을 3m 이랑에 45cm 정도로 하여 재배하고 있다.

나. 보온 및 관수

정식 직후는 밤온도를 최소한 15~18℃ 이상으로 높게 유지하여 활착을 좋게 한다. 활착이 되면 낮온도는 23~25℃, 밤온도는 12~15℃로 유지해 준다. 특히 겨울철 재배에는 가온 및 보온을 철저히 하여 저온 피해를 받지 않도록 주의한다.

관수는 정식할 때 물을 충분히 주어 활착을 촉진시키고, 활착된 후에는 관수량을 적게 하여 줄기와 잎이 무성해 지지 않도록 한다. 노지재배에서 늦서리가 오기 전에 정식을 하게 될 때는 반드시 고깔이나 터널을 설치하여 저온 피해를 받지 않도록 해야 한다.

<그림 2-7> 서리 피해를 막기 위해 고깔을 씌운 전경

유인 및 정지

호박의 줄기 유인은 줄기를 포복 형태로 유인하는 방법, 줄을 이용하여 유인하는 방법, 그리고 유인망을 이용한 망유인 방법 등이 있다. 포복재배 방법은 일반적인 재배 방법으로 특별한 시설이나 장비가 필요 없고, 줄기를 땅 위에 원하는 방향으로 유인하는 방법이다. 따라서 줄기를 이랑 위에 원하는 방향으로 조정만 해주면 되는데 이때 바람에 의해 줄기가 움직이는 것을 막아 주기 위해 유인 고리를 사용해 줄기를 고정해 주는 것이 좋다. 줄유인 재배는 호박 줄기를 유인줄을 이용하여 유인하는 방법으로 유인을 고정할 수 있는 파이프 등에 매달고, 호박 줄기를 그 유인줄에 감아 호박 줄기가 바닥에 떨어지지 않도록 하는 방법이다. 망유인 방법은 이랑의 끝에 파이프 등으로 유인망을 고정할 수 있는 시설을 하고, 그 시설에 유인망을 덮어 씌워 유인망 사이로 줄기를 유인해 주는 방법이다. 따라서 유인방법은 재배자의 노동력, 경영능력 등을 감안하여 적당한 방법을 선택하면 된다.

  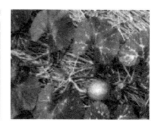

애호박   풋호박   숙과용 호박

<그림 2-8> 호박의 유인 및 정지

유인하는 줄기는 어미덩굴과 1~3개의 아들덩굴을 기르는 방법과 어미덩굴을 정식하기 전에 적심하여 아들덩굴만 2~4개를 키우는 방법이 있다. 덩굴 유인 수도 유인방법과 마찬가지로 재배방법과 하우스 여건 및 재배자의 기술 수준을 감안하여 선택하면 되는데, 보통 어미덩굴과 아들덩굴을 각각 1개씩 기르는 방법이나 아들덩굴만 2줄기 기르는 방법을 많이 한다. 아들덩굴은 3~5마디 사이에 나오는 세력이 좋은 것을 키우고, 다른 것들은 어릴 때 일찍 제거해 주면 된다. 최근에는 호박 값이 좋으면 아들덩굴에서 나오는 측지에 과실을 한 개 정도 달고 잎을 1~3장 정도 남긴 후 적심하여 관리하는 재배를 하기도 한다.

측지는 유인하고자 하는 줄기가 결정되면 그 이외에 계속 나오는 측지를 초기에 제거해 주어야 불필요한 양분 소모를 막을 수 있다. 측지를 제거하지 않거나 제거 시기가 늦어지면 줄기가 과번무하여 암꽃의 발육을 억제시키고, 낙과의 원인이 되므로 정지작업을 철저하게 해준다.

애호박의 경우 아들덩굴 3본 재배가 정지하지 않고, 방임하여 재배하는 것에 비하여 평균 무게도 무겁고, 수량도 80% 이상 증가하는 것으로 되어 있다.

<표 2-3> 애호박의 정지 방법에 따른 평균무게와 수량 비교

정지 방법	상품과		수량 (kg/10a)		비고
	평균무게 (g)	지수	상품과	지수	
어미덩굴 1본 재배	239	104	3,059	113	20절까지 측지 제거 후 방임재배
어미덩굴 1본+아들덩굴 2본 재배	268	116	4,109	151	
아들덩굴 3본 재배	253	110	4,976	183	
방임 재배	230	100	2,714	100	

* 품종 : 중앙애호박

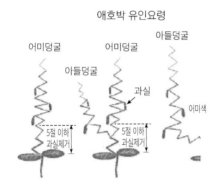

애호박 유인요령

<그림 2-9> 흰가루병 피해 양상

시비

호박은 뿌리가 잘 자라기 때문에 흡비력이 좋고, 비교적 적은 양을 시비하여도 어느 정도 과실을 수확할 수 있으나 다수확을 하려면 비료분이 부족하지 않도록 해야 한다. 그러나 한 번에 질소질을 많이 주면 줄기와 잎만 무성하고, 과실이 열리지 않는다.

호박 시설재배의 적정 시비량은 정상적인 토양에서는 질소질 20, 인산질 8.4 칼리질 9.9kg/10a이다. 이 중 인산비료는 전량 밑거름으로 주고, 질소질 비료는 50%를 밑거름으로 주고 50%는 나누어 준다. 칼리질 비료는 40%만 밑거름(기비)으로 주며 나머지는 질소질 비료와 같이 3~4회 나누어 준다. 퇴비는 1,500kg/10a를 시용하고, 석회는 200kg/10a를 시용한다. 퇴비로 가축분을 사용할 경우에는 사용한 가축분 속에 들어 있는 질소, 인산 및 칼리질 함량을 계산하여 밑거름으로 시용할 화학비료량에서 빼 주어야 한다. 석회도 사전 토양 분석 결과가 pH 6.8 이상이면 줄여 주어야 한다.

<표 2-4> 호박의 표준 시비량 (성분량, kg/10a)

구분	비종	밑거름	웃거름	계	비고
노지재배	질 소	10.0	10.0	20.0	퇴구비, 석회는 실량임
	인 산	13.3	0	13.3	
	칼 리	5.6	7.0	12.6	
	퇴구비	1,500	0	1,500	
	석 회	200	0	200	
시설재배	질 소	10.0	10.0	20.0	
	인 산	8.4	0	8.4	
	칼 리	4.4	5.5	9.9	
	퇴구비	1,500	0	1,500	
	석 회	200	0	200	

웃거름(추비) 주는 시기는 초세를 보면서 세력이 약한 때 주는 것이 좋은데, 정식 후 2주일이 지날 때 1차 추비를 하고, 첫 암꽃이 개화되어 착과를 시키고 나서 2차 추비를 주며, 2차 추비 후 15일 정도가 지난 다음에 3차 추비를 하면 좋다. 추비를 주는 위치는 1차 추비의 경우 묘를 심은 곳에서 30cm 정도 떨어진 곳에 주고, 2차 추비는 차츰 멀리 시비하여 3차 추비 때에는 고랑 쪽에 뿌려준다. 추비를 할 때 주의해야 할 점은 착과기에 질소질 비료를 많이 주어 비료효과가 많이 나타나면 착과율이 저하되므로 약간 부족한 것 같이 주어 첫 번째 암꽃에 착과를 시킨 후부터 정상적으로 주는 것이 좋다. 만약 첫 번째나 두 번째 암꽃에 착과가 되지 않으면 영양분이 줄기와 잎으로 가기 때문에 영양생장이 강해져 이후에 피는 암꽃에 착과가 잘 되지 않는다.

착과

호박의 생육적온은 보통 20~25℃이고, 35℃ 이상에서는 화아의 발육에 이상이 생길 수 있다. 수분의 최저온도는 10℃ 전후로 알려져 있으며 오이, 멜론에 비하여 상당히 낮은 편이다. 그렇지만 착과율을 높이기 위해서는 최소한 16℃ 이상의 온도는 확보된 상태에서 수분을 하는 것이 착과율이 높다. 암꽃의 분화는 저온단일에서 유기되며 품종에 따라 다소 차이가 있지만 저온단일 조건에서는 제1번 암꽃은 7~8절에 착생되며 그 후에는 4~5절마다 착생된다. 단일은 저온하에서는 효과가 강하지만 고온하에서는 그 효과가 적다. 일반적으로 본엽 2장 전개 시에 10~13℃ 저온에서 8~10시간의 단일처리를 하면 암꽃이 많이 착생한다.

호박은 오이와는 달리 단위결과가 잘 안 되기 때문에 시설 내 재배 시에는 인공수분이나 착과제를 처리하지 않으면 착과율이 떨어진다.

화분의 발아력은 전날 온도나 기상여건에 따라 다르지만 보통 개화 전일 오후 3시경부터 활력이 증가되며 한밤중에 최고가 된다. 그 후 시간이 경과되면서 활력이 저하되기 시작하는데, 가능한 한 오전에 착과를 마치는 것이 좋다.

<그림 2-10> 개화 후 착과된 모습

암꽃의 수정 능력은 개화당일 오전 4~6시가 최고가 된다. 따라서 높은 결실률을 얻기 위해서는 가능한 한 아침 일찍 수분해야 한다. 이외에도 질소과다, 과습, 개화 전 4~5일 기상불순, 고온관리, 밀식, 정지불량에 의한 과번무는 암꽃의 발달을 억제시켜 낙과의 원인이 된다.

가. 착과요령

저온기 하우스 내에서는 꽃가루 매개충의 활동이 없어 인공수분이 필수적으로 이루어져야 한다. 인공수분은 개화 당일 오전에 이루어져야 한다. 수분에 알맞은 온도는 16~23℃이며, 30℃ 이상의 고온에서는 꽃가루의 발아력이 감퇴되어 착과율이 낮아진다. 인공수분에 의해 과실을 착과 비대 시키는 것이 좋겠지만 저온기에는 꽃가루가 잘 안나오거나 수분을 해도 화분관의 신장이 어려워 착과가 잘 안되는 경우가 많다. 착과제를 발라주면 용이하게 착과시킬 수 있는데, 처리 시기는 개화 당일이나 개화 전 1일이 효과적이다. 처리 방법은 자방에 붓으로 발라 주든가 소형분무기로 암술 주두에 분무해 준다. 애호박을 포함한 청과용 호박의 경우 토마토톤(50배액)과 지베렐린(50ppm)의 혼합액을 주두에 살포하는 것이 효과적이나 주간 기온이 30℃가 넘으면 토마토톤 100배 농도를 낮추어 착과시키는 것이 좋다.

<표 2-5> 착과제 및 살포 방법별 애호박 착과특성(경북도원, 2003)

착과제 농도	처리부위	인공수분	착과율 (%)	상품율 (%)	수량 (kg/10a)
대조구	-	쥬키니	23	45	3,817
토마토톤(50배액)+GA(50ppm)	주두살포	-	75	89	5,027
토마토톤(50배액)+GA(50ppm)	자방+주두살포	-	64	92	5,001
토마토톤(50배액)+GA(50ppm)	주두살포	쥬키니	83	96	5,073
토마토톤(50배액)+GA(50ppm)	자방+주두살포	쥬키니	91	94	5,204

* 비닐하우스 재배

- 하우스 재배

저온기 재배나 계속되는 장마기, 일조가 부족한 경우는 인공수분이 잘 안 되기 때문에 착과율을 향상시키기 위해 토마토톤 등의 착과제를 처리하는 것이 좋다. 처리 시기는 개화 당일 처리 시에 착과율이 가장 높고, 처리 방법은 붓으로 자방에 착과제를 발라 주든가 소형 분무기로 암꽃의 주두나 자방에 분무해 준다.

토양관리

최근 시설재배 면적의 증가와 더불어 시설 내 토양관리를 잘못하여 염류집적에 의한 연작장해가 많이 발생하고 있다. 이러한 염류집적의 원인은 토양 중 양분 함량을 고려하지 않고 과잉시비를 하는 데 원인이 있다. 비료의 흡수 이용률은 시비량보다 훨씬 낮기 때문에 이용하고 남은 비료는 토양에 흡착되거나 유실되는데, 시설재배 토양에선 노지재배처럼 비료가 유실되지 않고, 토양에 그대로 남아 있기 때문에 염류가 집적되는 것이다. 특히 다량의 가축분을 시용한 경우에 염류집적에 의한 문제가 자주 발생되고 있다.

토양 내 염류가 집적되면 호박 뿌리의 발육이 저해되거나 양분, 수분의 흡수장해가 일어나 생육 장해가 일어난다. 호박뿐만 아니라 대부분의 작물은 뿌리의 농도와 토양용액과의 삼투압 차를 이용하여 수분이나 양분을 흡수 이용하게 되는데, 뿌리의 농도가 토양용액의 농도보다 높으면 작물은 정상적으로 양분을 흡수하지만 토양용액의 염류농도가 작물의 뿌리 내부 농도보다 높으면 작물은 수분이나 양분을 흡수하지 못하고 도리어 식물체 내의 수분과 양분이 토양 속으로 빠져 나오기 때문에 호박이 시들시들하게 되고, 결국에는 고사하게 된다.

염류 집적 방지를 위해서는 재배 전에 토양을 분석하여 그 결과에 따라 감비재배를 하고, 토양이 비료양분을 흡착하고 토양용액의 농도를 높이지 않도록 하기 위해서는 염기치환용량(CEC)을 높이는 것이 필요하다. 농도장해가 일어나기 쉬운 토양은 사질토양이나 부식이 적은 토양이다. 이러한 토양의 개량을 위해 양질토의 투입, 벤토나이트, 버미큘라이트, 지오라이트 등 흡착력이 강한 재료 및 유기물의 시용이 필요하다.

미분해성 유기물을 시용하면 무기태질소가 유기화되어 무기태질소 특히 염류농도와 관계가 깊은 질산태질소의 함량을 감소시켜 토양의 염류농도를 감소시킨다. 또한 비료에 따른 장해의 정도는 같은 시비량이라도 암모니아염 > 가리염 > 인산염의 순이고, 황산염보다 염화물, 고농도보다 저농도, 유기질 비료보다 무기질 비료가 염류농도를 높이는 경향이 있다. 염화가리는 황산가리보다 염류농도를 더 높이는 경향이 있다. 즉 부성분인 황산은 토양 중의 석회나 탄산석회와 반응하여 석고(황산석회)로 되기 때문에 시비량 증가에 비하여 염류농도가 증가하지 않는다. 저온기에는 비료를 다량 시용하지 않도록 한다. 특히 시설재배지는 저온기에 정식을 하는데 이때에는 초산태질소를 시용하는 것이 좋다. 토양을 소독할 때는 소독에 의해 토양미생물의 활동이 억제되어 비료의 미생물에 의한 분해와 고정이 늦어지고 토양의 흡착이 나빠진다. 때문에 토양의 염류농도가 높아지기 쉬우므로 토양 소독을 할 때는 비료를 많이 시용하지 않도록 한다.

토양의 염류는 표층에 많이 집적되어 있고 아래층으로 내려갈수록 집적이 적다. 따라서 염류집적을 줄이기 위해서는 표층의 흙을 새흙으로 바꾸거나 아래층의 흙을 위로 올리는 심토 반전, 새흙을 표토의 흙과 혼합하는 객토 등의 방법이 있다. 객토 등의 방법으로 새흙이 혼입될 때에는 작토 층의 비옥도가 낮아지므로 비료분이 부족하지 않도록 추가 시비를 하여야 한다. 4~5년을 계속해서 과다 시비하게 되면 다시 염류가 집적되어 많은 비용을 투입한 작업의 효과가 없어지게 되므로 토양 내의 염류농도를 수시로 확인하여 시비량을 조절해야 한다.

보비력이 낮은 모래땅은 염류가 적게 집적되어도 바로 염류장해가 발생한다. 담수하면 비교적 빨리 제염되지만, 점토함량이 높은 토양은 모래땅보다 염류집적이 느리고 담수하여도 제염효과가 느리다. 최근 물을 쉽게 공급할 수 있는 지대에서는 관수 또는 담수 제염하는 곳이 많다. 하층으로 침투가 잘되지 않는 곳에서는 다시 염류가 표층으로 상승할 우려가 있으므로 사전에 배수시설을 하는 것이 좋다. 즉, 작토층 밑 일정한 깊이에 배수관을 묻고 다소 과잉으로 관수하여 세척수가 그 관을 통하여 배수되도록 하면, 자연토양에서보다 훨씬 많은 염류를 세척하여 그 집적을 막을 수 있다. 담수는 1회에 100mm 내외를 하여 2회 이상 반복하여야 한다.

아울러 하우스재배의 휴한기를 이용하여 단기간 제염작물을 재배하는 방법이 효과적이다. 옥수수를 재배하면 생초 1t당 질소 3kg, 인산 0.5kg, 칼리 4kg, 칼슘 2kg, 마그네슘 1kg이 제거된다.

수확

수확은 품종, 기후 및 소비자의 기호에 따라 차이가 있으나 일반적으로 청과용으로 이용되고 있는 쥬키니, 애호박, 풋호박은 개화 후 7~10일이면 수확이 가능하다. 그러나 촉성재배처럼 한겨울에 수확되는 것은 가온 조건이 좋지 않으면 15일 이상 걸리는 경우가 허다하다. 숙과용 호박 중 서양종은 개화 후 35~40일 정도 경과된 후 황갈색이 될 때 수확할 수 있지만 동양종은 개화 후 약 50일 지난 뒤 완전히 황색이 된 것을 수확한다.

<그림 2-11> 수확 적기의 과실

양액재배

애호박 양액재배는 펄라이트 등 배지를 사용하여 재배할 수 있다. 서울시립대학교에서 개발한 배양액 조성은 NO_3 - N 10.74, NH_4 - N 0.54, PO_4 - P 3.9, K 6.1, Ca 5.1, Mg 2.8, SO_4 - S 2.8 me·L^{-1}로, 관수 횟수는 하루에 8~12회 정도 하고, 1회당 공급시간은 10분 정도를 주는 것이 좋다. 여름철에는 야간에 온도가 높기 때문에 한밤중에 1~2회 정도 관수를 해야 하고, 양액 조성 시 pH와 EC를 조사하여 pH 5.5~6.5 정도, EC 2.2dS/m 내외가 유지되도록 해야 한다. 베드 설치 시 주의해야 할 점은 베드의 수평을 잘 맞추어야 과습과 과건의 피해를 막을 수 있다. 양액재배는 원수의 수질도 매우 중요한 작용을 하므로 사전에 수질 분석을 하여 pH나 EC를 맞추는데 사용해야 한다.

<그림 2-12> 배지경 양액재배

제3장

생리장해 및 수확 후 관리기술

1. 생리장해 원인과 대책

2. 수확 후 관리기술

01 생리장해 원인과 대책

청과용 애호박과 풋호박의 생리적인 특성은 재배기간 동안 영양생장과 생식생장이 동시에 진행될 뿐만 아니라, 꽃눈분화가 육묘기 때부터 이루어지기 때문에 박과채소 중에서도 비교적 생리장해가 많은 작물이다. 대부분의 생리장해는 토양의 pH 불균형, 염류집적, 토양 수분의 과부족, 저지온, 유해물질의 축적, 각종 영양조건의 불균형 등 토양환경이 불량하거나, 시설 내의 저온이나 고온, 높은 일교차, 일조 부족 등 기상환경의 열악화 또는 시설 내에 발생하는 각종 유해 가스에 의해 유발되기도 한다. 따라서 온도가 낮은 시기에 재배되는 촉성 및 반촉성재배에서는 생리장해가 발생할 확률이 상당히 높다. 이러한 생리장해는 하나의 원인에 의해 독립적으로 발생되기도 하지만 대부분은 여러 요인이 복합적으로 관여하면서 발생한다. 따라서 생리장해의 근본적인 대책으로는 퇴비를 많이 넣어 토양조건을 개선하여 뿌리의 발달을 좋게 하고, 적온확보, 양수분의 적당한 공급, 시설 내 광환경 조건 등을 개선해야 한다.

일반적으로 생리장해와 병해는 증상이 비슷한 경우가 많아 구분이 어려운 때가 많은데, 생리장해와 병충해 피해와의 구별에 다음을 참고하면 도움이 된다.

①생리장해는 밭 전체에 발생하는 경우가 많으나, 병이나 충해는 일부 한쪽에서 발병하여 점차 번져 가는 형태가 많다. ②생리장해는 전염되지 않으나, 병은 시간이 지남에 따라 증상이 점점 퍼지거나, 비가 오거나 흐린 날에 급속히 번지는 경우가 많다. ③생리장해는 시드는 증상이 보이지 않는다. 토양건조에 의한 수분 부족, 병해충 피해나 과습으로 인한 뿌리썩음 증상 외에는 비료 성분의 과부족으로 시드는 증상을 나타내는 경우는 매우 드물다. ④생리장해는

도관이 갈변하는 경우가 적고, 덩굴쪼김병, 덩굴마름병 등은 도관이 갈변하는 경우가 많다. 즉, 양분의 과잉 또는 부족한 경우 잎과 줄기를 잘라보면 도관이 갈변하는 경우가 거의 없다. ⑤생리장해는 보통 잎의 앞과 뒷면에서 동시에 증상이 나타나지만, 병해는 한쪽 면에서 발생하여 후기에 뒷면까지 번지는 경우가 많다. ⑥대부분의 생리장해는 냄새가 없는 반면, 병해는 냄새가 나는 경우가 많다.

곡과

<그림 3-1> 곡과

가. 원인

과일의 신장속도가 좌우가 서로 달라 신장속도가 느린 쪽으로 구부러지게 된다. 인공수분이나 착과제 처리로 과실의 한쪽 면에만 착과를 시켰을 때 곡과가 되고, 병해충 등으로 잎이 많이 손상을 받았거나 일조량이 부족하고, 착과가 너무 많아 초세가 약해지면 잎의 동화기능이 감소되어 과일 간 양분 쟁탈이 심해져 곡과 발생이 많아진다.

나. 대책

인공수분 시 꽃가루가 주두의 한쪽 면에만 몰리지 않도록 골고루 발라주고, 착과제 처리 시에도 착과제가 과실의 한쪽 면에만 처리되지 않도록 한다. 잎에 손상을 주는 병해나 충해를 받지 않도록 미리 약제를 주기적으로 살포하여 잎을 싱싱하게 만들어 준다. 잎의 동화기능을 높이기 위해서는 충분한 거리를 두고 정식을 하고, 뿌리가 양수분을 원활하게 흡수할 수 있도록 경운 작업 시 깊게 갈아주며, 유기질이 풍부한 토양을 만들어 준다. 또한 곡과 정도가 심한 과일은 어린 상태에서 제거하고, 비료 부족(특히 질소)과 토양이 지나치게 건조하지 않도록 하며 일조량을 고려해 피복물 사용에 주의하고 주간 거리를 적당히 넓혀 주도록 한다.

뾰족과

<그림 3-2> 뾰족과

가. 원인

과일 꼭지 부분은 정상적이나 과일의 끝 부분이 가늘게 되는 장해로 심한 것은 긴 삼각형으로 되기도 한다. 저온과 약한 광선 또는 고온과 건조에 의해 포기의 세력이 약해져 동화양분이 현저히 모자랄 때나 수분 시 수정장해가 일어나 꽃자리 부분의 비대력이 떨어지게 되면 과실이 송곳 모양으로 뾰족하게 된다. 고온 건조한 조건에서 많이 발생하고, 초세가 약할 때 발생한다.

나. 대책

시설재배 시 야간에 보온을 하여 꽃가루가 잘 나오게 관리하고, 관수를 알맞게 하여 생육을 양호하게 하며 밀폐된 하우스에서는 환기를 철저히 해주어 고온장해를 받지 않도록 관리한다. 또한 잎이 동화작용을 잘할 수 있도록 그늘을 없애주고, 병해충의 피해를 입지 않도록 한다.

곤봉과

<그림 3-3> 곤봉과

가. 원인

곤봉과는 과실 꼭지 부분은 비대가 되지 않고, 과실 끝부분만 비대한 과실을 말한다. 발생원인은 토양수분이 부족한 상태에서 일어나며 특히 칼리가 결핍될 때 많이 일어난다. 수정 시 화분이 발아관을 내면서 신장하는 도중에 위와 같은 상태에서 화분의 활력이 낮으면 죽게 된다. 주두에서 먼 부분인 꼭지 쪽에서는 씨앗이 잘 형성되지 않아 과실비대가 불량해져서 곤봉과가 된다.

나. 대책

줄기의 노화와 영양 부족 시 많이 발생하므로 양수분의 관리와 병해 방지에 주의하고 포기의 노화를 막는 것이 중요하다. 아울러 동화작용이 억제되는 조건 즉 일조 부족, 밀식, 지나친 잎 따주기, 고온, 영양 결핍 시 많이 발생한다. 또한 동화양분의 이동이 억제되는 조건인 즉 칼리 부족, 야간 고온 시에도 발생하므로 이와 같은 조건이 되지 않도록 적온 및 균형시비를 해야 한다. 이어짓기를 하는 하우스에서는 염류장해가 발생하지 않도록 토양관리에도 신경 써야 한다. 시설재배 시 보온과 환기를 철저히 하여 화분의 활력을 높여 수정이 순조롭게 되도록 한다.

배꼽돌출과

<그림 3-4> 배꼽돌출과

가. 원인

배꼽돌출과는 수확 시 과일의 끝에 있는 꽃자리 부분이 상당히 크고, 튀어 나와 있어 상품성이 없는 과실을 말한다. 이것은 화아분화 시 온도 및 양수분 관리가 적절하지 못하여 화기가 정상적으로 발달하지 못해 발생한다. 특히 질소질 비료를 많이 주어 초세가 강한 상태에서 많이 발생되고, 주야간 온도가 높을 때 높은 절위에 착과되는 과실에서 많이 볼 수 있다. 양성화인 것들이 배꼽돌출과가 될 확률이 높다.

나. 대책

호박 재배 시 적온 및 적습관리를 하여 식물체가 건강하게 자랄 수 있도록 하고, 토양분석 등을 통해 토양 내 비료 성분이 지나치게 많지 않도록 토양관리를 잘 한다. 또한 하우스 밀폐에 의해 주야간 온도가 너무 올라가지 않도록 철저히 환기한다. 어린 과실 상태에서 꽃자리가 상당히 크고, 배꼽돌출과로 될 확률이 있는 과실은 일찍 제거한다.

창문과

가. 원인

창문과는 과실의 태좌부가 노출되어 속이 훤히 들여다보이는 현상으로 이러한 현상은 암술에 수술이 붙은 상태에서 과일이 비대하게 됨으로써 나타난다.

육묘 시 저온, 약광선 상태에 놓이거나 화아 발육 중 저온, 질소과다, 수분과다, 건조 등의 조건으로 발생하며 질소질 비료의 과다에 의한 간접적인 영향으로 석회 흡수가 잘 되지 않아 발생하기도 한다.

나. 대책

육묘 시 온도관리를 최저온도가 10℃ 이하가 되지 않도록 하고, 석회 부족이 예상될 때는 제1인산칼슘이나 초산칼슘을 2~3회 엽면시비해 준다. 상토에는 질소질 비료를 억제시키고, 수분관리를 적당하게 한다.

열과

<그림 3-5> 열과

가. 원인

내부생장과 외부생장의 불균형으로 내부압력을 견디지 못하여 발생하는데 착과 후 저온으로 발육이 일시 정지된 후 고온으로 급속히 과실이 비대할 때 열과가 발생된다. 과실비대 시기에 토양이 건조한 상태로 유지되다 다량의 관수를 하게 되면 발생된다. 대체로 어린 과실에서부터 수확 직전의 커다란 과실에 이르기까지 계속 발생할 수 있는데, 애호박과 풋호박에서는 발생이 많지 않고, 숙과용 호박에서 많이 발생한다. 과실의 배꼽 부분부터 갈라지게 되며 심하면 과실 중간 부분에서도 열과가 된다.

나. 대책

토양수분의 급격한 변화를 피하는 것이 가장 중요하므로 멀칭재배를 하면 토양수분을 조절하는 효과가 있어 열과를 방지시키는 데 상당히 효과가 있다. 또한 퇴비를 많이 사용하고, 깊이갈이를 하여 뿌리를 왕성하게 발달시켜 수분이 순조롭게 흡수되도록 하며 급격한 변화에 잘 적응할 수 있도록 하는 것이 좋다. 그리고 저온기 재배 시 야간 저온으로 인한 어린 과실에 열과 현상이 나타나지 않도록 보온을 해준다.

기형과

<그림 3-6> 기형과

가. 원인

기형과 종류는 다양하여 두 개의 과실이 서로 붙어 있거나 삐뚤어진 과 및 단형과 등이 많이 발생하며 이런 과실은 수확은 할 수 있지만 상품성이 없다. 이런 과실의 발생원인은 발육 초기에 저온, 건조, 광부족, 저절위 착과로 인한 엽수 부족, 지나친 영양생장 등으로 인해 초기의 생육이 불량해진 상태에서 주로 발생한다. 또한 정상적인 수정이 되어도 화아의 발육장해로 종자가 한쪽으로 몰려서 발생되는데 이것은 화아분화 발육 시에 저온, 건조, 다비, 석회 부족, 칼리 과잉 등의 원인으로 자방으로의 석회 공급이 부족하게 돼 암꽃의 분화 발육이 장해를 받기 때문에 발생된다.

나. 대책

예방대책은 암꽃 발육 시에 석회가 결핍되지 않도록 하고, 착과기에 저온이 되지 않도록 보온을 철저히 해야 한다. 또한 깊이갈이를 하고, 퇴비 사용으로 뿌리의 발달을 도모하여 석회 흡수를 좋게 하며 초기 발육을 촉진시키고, 인공수분

시 꽃가루가 암술머리에 골고루 묻도록 주의해서 처리하면 어느 정도 예방할 수 있다. 착과제 처리 시에는 착과제 약액이 골고루 살포되도록 유의해야 한다.

저온장해

<그림 3-7> 저온장해

가. 원인

무가온 하우스는 보온을 잘하여도 외기온의 영향을 받아 야간온도가 내려가기 쉬운데 이런 때 잎 맥간이 마그네슘 결핍에 걸린 것처럼 보이고, 또한 잎의 뒷면이 물을 머금은 듯 보이는 반점들이 생기게 된다. 야간온도가 5~6℃를 밑돌면 뿌리의 발달이 불충분하고 초세가 약한 포기는 저온장해를 받아 뜨거운 물에 덴 듯한 증상(수침증상)을 보인다. 초세가 강한 포기는 아침 해가 쪼이면 수침증상은 사라지나 세력이 약한 포기는 수침증상이 쉽게 회복되지 않는데, 이것이 반복되면 세포는 죽고 잎이 마른다.

나. 대책

대책으로는 온도를 13℃ 이상 확보하는 것이 가장 중요하며 밤 온도가 낮아도 뿌리가 깊이 뻗어 활발하게 활동하고 있으면 어느 정도까지는 견딜 수 있기 때문에 퇴비를 충분히 넣고 깊이 갈아서 뿌리의 발달이 원활하게 이루어질 수 있도록 토양조건을 개선하는 것이 중요하다.

칼리 결핍증

<그림 3-8> 칼리 결핍증

가. 원인

칼리 성분은 체내 이동성이 좋아 생장점 부근의 잎보다는 오래된 잎에 증상이 나타난다. 즉, 식물체에서 칼리가 부족하면 오래된 잎에 있던 칼리 성분이 생장이 왕성한 어린잎으로 이동하기 때문에 결핍증상은 오래된 잎에서 나타나며 잎 가장자리가 황백화된다. 이것은 토양 내 칼리질 비료가 부족하거나 토양 속에 칼리는 충분히 있지만 질소, 칼슘 및 마그네슘 비료가 많아서 길항작용에 의해 흡수가 안될 때 발생한다. 열매 비대 시에는 다량의 칼리가 필요한데 열매에 가까운 잎에서부터 칼리 성분에 이행되므로 열매 부근의 잎부터 가장자리 부분이 탄 것처럼 보인다.

나. 대책

칼리는 기비로 다량 사용하면 착과비대기에 토양으로부터 유실이 많기 때문에 추비(웃거름)로 시용해야 한다. 특히 사질토양이나 부식질이 적은 토양에서는 유실이 많으므로 추비 횟수를 늘린다. 칼리 결핍증상이 나타나면 제1인산칼리를 엽면살포해 준다.

칼슘 결핍증

<그림 3-9> 칼슘 결핍증

가. 원인

칼슘은 생체 내에서 이동이 힘든 성분이다. 따라서 결핍되어도 늙은 잎에서 새 잎으로 이행되는 일은 거의 없다. 따라서 칼슘이 결핍되면 생장이 가장 왕성한 부근 잎의 생육이 불량해지거나 우산모양처럼 가장자리가 펴지지 못한다. 토양 속에 칼슘 성분이 부족하거나 충분해도 토양 pH가 낮아서 생기는 산성장해나 망간 과잉증 등의 2차 장해에 의한 길항작용으로 칼슘 흡수가 억제될 때 나타난다.

나. 대책

응급대책으로 초산칼슘 0.5%액이나 제1인산칼슘 0.3%액을 잎 표면에 살포해 주면 좋고, 칼슘이 들어 있는 영양제를 살포해 준다. 근본적인 대책은 토양 속에 각종 양분들이 적당하게 골고루 섞여 있도록 시비관리를 철저히 하는 것이다. 특히 질소, 인산, 마그네슘과는 길항작용이 있으므로 이들 성분이 토양 속에 많지 않도록 시비에 주의한다.

생리적 낙과

<그림 3-10> 생리적 낙과

가. 원인

어린 과실이 착과가 되지 못하여 비대하지 못하고 생육이 중지되어 황화 또는 미라화 되는 것을 말하는데, 발생의 직접적인 원인은 꽃과 과실의 생장비대가 촉진되는 시기에 동화양분의 부족 때문이다.

암꽃은 차례로 착생하게 되므로 동화양분이 충분히 공급되지 않으면 식물체 내에 탄수화물이 부족하게 되어 낙과현상이 일어나게 된다. 초세가 강건함에도 낙과가 되는 원인으로는 질소질 비료가 많은 경우, 장마철에 광선이 부족하면서 수분이 많은 경우, 정지작업의 불충분으로 인한 곁가지의 번무, 정식을 빨리하여 냉해를 입어 생육이 멈추었다가 알맞은 환경이 되어 갑자기 생육을 시작하는 경우 등이다.

나. 대책

질소질 비료를 감소시키면서 칼리질 비료를 충분히 주고, 적심을 하거나 곁순을 제거한다. 초세가 약하거나 고온으로 쇠약해질 경우 비료를 충분히 주고 내서성 품종을 재배하여야 한다. 수분과 수정의 불완전으로 과실의 발육이 안 되는 경우에는 인공수분과 착과제로 착과를 시킨다.

또한 하우스의 구조, 피복물, 재식밀도는 물론 탄산가스의 농도와 온도를 적절히 유지하여 동화작용이 잘되게 해 주어야 한다. 즉, 햇빛이 강하고 광합성이 왕성한 시기에는 하우스 내 온도를 다소 높여 주고, 흐린 날 또는 비가 계속 될 때는 광합성 산물이 적게 만들어지기 때문에 온도를 적온보다 약간 낮게 관리한다.

순멎이 현상

가. 원인

생장점 부근에 암꽃이 많이 달리면서 생육이 정지되는 현상으로 심하면 줄기와 잎이 전혀 발생하지 않고 생장이 멈춘다. 육묘기부터 생육 중기에 걸쳐 주로 발생하는데, 생육환경이 불량하면 언제라도 발생한다. 증상이 가벼운 경우에는 환경조건의 개선으로 회복이 가능하다. 암꽃이 착생하기 쉬운 환경, 즉 온도가 낮고 해가 짧은 조건하에서 주로 발생하는데, 지속적으로 저온으로 관리했을 경우에는 서서히 나타나고 단기간에 저온에 맞닥뜨리게 되면 급속히 발생한다. 또 육묘 시 포트의 흙이 적거나 건조할 때, 양분(특히 질소질)이 부족할 때, 이식이나 정식할 때 작물에 상처가 난 경우에 발생한다. 정식 후 건조나 습해 또는 과다한 시비로 뿌리가 장해를 받았을 때도 발생한다.

나. 대책

야간온도를 13℃ 이상으로 관리하며, 생장점 부근에 다닥다닥 붙은 암꽃은 제거하고 보온에 힘쓴다. 또한 수분과 질소질 비료가 부족하지 않게 관리한다. 육묘기에 상토량이 적으면 쉽게 건조하게 되고, 비료 성분의 결핍이 쉬워지므로 상토량을 적당하게 해주어야 한다.

백변현상

가. 원인

아랫잎에서 중간잎에 걸쳐 많이 발생한다. 잎맥 사이의 녹색이 없어지고 점차 황색과 백색으로 진행되다 잎 전체가 갈색으로 변하여 말라죽는다. 증상이 심하면 잎의 광합성 능력이 떨어지고 수량도 감소하게 된다. 마그네슘(고토) 결핍이 발생의 직접 원인으로 토양의 산성화로 인해 마그네슘 함량이 부족할 때, 토양에 고토 함량이 적당한데도 백변현상이 발생하는 경우는 토양 중에 칼리와 석회가 과다하게 축적돼 마그네슘의 흡수를 억제하기 때문이다.

나. 대책

연작토양, 접목재배 시에 많이 나타나게 되는데 특히 1~2월의 저온기에 주로 발생하며 지온이 상승하는 3월 이후에는 대체로 회복된다. 저온기에 지온이 낮아 작물이 마그네슘을 흡수하기 힘든 환경이 조성되는 경우에는 지중난방과 투명비닐 멀칭을 해주는 것이 효과적이다. 마그네슘을 함유한 비료를 시용하고, 칼리와 석회의 시비를 많이 하면 서로 길항작용에 의해 흡수가 안 되므로 이들 비료의 시비량을 줄여 준다.

축엽증

가. 원인

발아 후 떡잎의 색깔이 매우 진해지고 본 잎이 위축되면서 잎맥이 희미해지고 순멎이 현상이 나타나는데, 얼핏 보면 흡사 바이러스에 감염된 것처럼 보이기도 한다. 잎은 쪼글쪼글해지면서 위로 올라갈수록 심한 증상을 나타내고 잎이 극히 작아지며 심하면 생장점이 없는 포기도 생긴다. 육묘 중에 질소가 과다하게 되면 축엽증상이 나타나게 된다. 즉 상토의 pH가 4.5 이하일 때 질소를 많이 시용하면 일시적으로 생육이 불량해지며 축엽현상이 발생한다.

나. 대책

상토의 pH를 6.5 내외, 질소 성분이 과잉 흡수되지 않도록 하고 질소, 인산, 칼리를 균등하게 시용하여 각 성분 간에 길항작용이 생기지 않도록 한다. 파종 직후 포트에 이식하는 경우에는 무비료 상태인 모래를 사용하고 본 밭에 돈분이나 계분을 밑거름으로 사용할 때에는 충분히 발효시킨 후 덩이가 뭉치지 않도록 고르게 펴 시용한다.

02 수확 후 관리기술

청과용 호박

가. 수확시기 및 품질지표

(1) 수확시기

개화 후 수확은 품종, 기후 및 소비자의 기호에 따라 차이가 있으나 일반적으로 청과용으로 이용되고 있는 애호박, 풋호박 및 쥬키니호박은 7~10일이면 수확이 가능하다. 그러나 촉성재배처럼 한겨울에 수확되는 것은 가온조건이 좋지 않으면 15일 이상 걸리는 경우도 많다. 청과용 호박의 수확은 아침 일찍 시작하여 오전 중에 마치도록 하고 호박의 품온이 높지 않도록 하는 것이 장기 수송 및 저장에 유리하다.

(2) 품질지표

청과용 호박은 성숙단계에서 수확하는 것으로 품질은 외형의 균일도, 외피와 과육의 부드러움, 조직감, 외피의 광택 그리고 꼭지의 형태 등이 지표가 된다. 또한 취급 시 발생하는 외상, 그리고 외상에 기인한 부패 흔적, 외피의 부분적 황변발생 등이 품질 평가에 있어 중요하다.

나. 수확 후 생리특성

(1) 에틸렌의 생성 및 반응

원예산물의 품질저하를 야기하는 에틸렌 생성량은 호박에 있어 20℃에서 0.1~1.0nl/g/hr로 많지 않으며, 또한 에틸렌에 대한 반응도 적은 편이다. 그러나 외부 에틸렌에 의해 유통 및 저장 동안 표피의 황변이 촉진될 수 있으므로 다른 작목과 함께 작업하거나 작업장소에 부패한 식물체나 호박이 없도록 주의한다.

(2) 환경기체에 대한 반응

호박은 필름 포장을 이용하여 공기 조성을 변화시켜 저장하는 MA저장 효과가 그리 높은 편은 아니다. 그러나 포장 내부 산소 농도를 3~5%로 낮게 유지시키면 호박 표면의 황변을 지연시킬 수 있으며, 또한 쥬키니호박의 경우에는 10% 정도의 높은 탄산가스 조건에서는 저장기간을 연장시키지는 않지만 저온장해에 대한 민감성을 감소시켜 준다.

다. 저장기술

(1) 저장조건

일반적으로 청과용 호박은 표피가 연하고 부드럽기 때문에 장기 저장은 곤란하다. 청과용 호박에서 저장의 의미는 장마기 등 기상요건에 따른 적기 출하 지연, 단기간의 출하시기 조절 및 대량 수확 시 작업시간의 확보와 유통기간을 연장시키는 것이 일반적이다.

보통 원예산물의 저장 및 유통 온도는 저장양분의 소모가 적고 부패균의 활동을 억제시킬 수 있는 0℃ 부근이 일반적이지만 호박의 경우는 저온장해가 발생하는 특성을 가진 작물로 최적 저장온도는 7~10℃, 상대습도는 90~95%가 적당하다. 저장가능기간은 경우에 따라 다르지만 일반적으로 1~2주 정도이다.

청과용 호박은 일반적으로 5℃ 이하에서는 저온장해 현상이 발생하므로 온도 관리에 주의해야 한다. 청과용 호박의 저장 온도별 무게변화를 조사하면 저장 온도가 낮을수록 무게가 감소되어 품질이 저하되는데 이는 저온장해가 발생하기 때문이다. 저온장해가 발생되면 에틸렌 발생량도 많아지고, 경도가 저하되어 품질저하를 야기한다<그림 3-11>. 그러나 쥬키니호박의 경우에는 5℃ 정도의 낮은 온도에서도 2주 정도는 판매할 수 있는 품질이 유지된다.

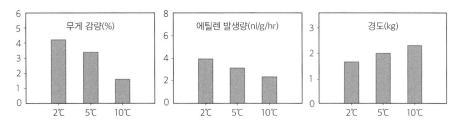

<그림 3-11> 저장온도별 청과용 애호박의 무게감량, 에틸렌 발생량 및 경도 변화(상명대학교)

<표 3-1> 저장온도별 상품성 유지 기간

저장온도	5℃	8℃	15℃
상품성 유지 기간	5일	10일	5일

* 경기도농업기술원

(2) 저장 방법

청과용 호박을 저온 저장할 경우 저장용기 내부의 포장은 폴리에틸렌 필름을 이용한다. 즉, 저장용기 내부에 0.03mm PE필름을 깔고 애호박을 넣은 후 옆과 윗부분을 완전히 감싼 다음 최적 저장온도인 7~10℃에 저장한다. 필름포장을 통해 상대습도는 유지되므로 저장 15일까지는 무포장 저장에 비해 감모율을 크게 감소시킬 수 있다.

청과용 호박은 도매시장에 출하할 때 외관이나 신선도에 따라 가격 차이가 많기 때문에 저장 후 상품등급이 낮아지면 오히려 손해가 될 수 있으므로 저장 후 유통 가능기간을 고려한 저장기간 설정이 필요하다.

청과용 호박을 8℃에 저장하면서 2일 간격으로 출고하여 상온(25℃ 내외)에서 보관하면서 상품성을 도매 가능(수확 당시와 품질이 같은 특품 수준), 소매 가능(단경기 시 도매 가능), 식용가능(단경기 시 소매 가능)으로 구분하여 도매시장의 경매인에게 품질 구분을 의뢰한 결과는 <표 3-2>와 같다. 여름철 호박의 도매 가능 저장기간은 8℃에 저온저장 했을 경우, 무포장 저장은 2일, 0.03mm PE필름 포장 저장은 4일, 소매 가능 저장기간은 무포장·포장저장 모두 6일이었으며, 식용가능 저장기간은 무포장 10일, PE필름포장 15일이었다.

<표 3-2> 저장기간 및 포장 방법에 따른 상온 출고 후 상품등급별 상품성 유지기간

저장기간 (8℃저장)	상온(25℃) 출고 후 상품성 유지기간					
	도매 가능 상품		소매 가능 상품		식용 가능 상품	
	무포장 저장	PE필름 저장	무포장 저장	PE필름 저장	무포장 저장	PE필름 저장
0일	2일	-	8일	-	11일	-
2일	1일	4일	4일	8일	7일	17일
4일	0일	2일	1일	8일	5일	9일
6일	0일	0일	1일	2일	2일	8일
8일	0일	0일	0일	0일	1일	5일
10일	0일	0일	0일	0일	1일	5일
15일	0일	0일	0일	0일	0일	2일

* 경기도농업기술원

(3) 저장 및 유통 시 발생하는 문제점 및 방지 방법

○ 물리적 손상

청과용 호박은 물리적 손상에 의해 품질저하가 많이 일어나는데, 보통 물리적 손상으로는 표피에 멍이 들거나 흠집, 압상 등인데 이것은 유통 과정에서 부패를 야기하여 상품성을 크게 저하시킨다. 따라서 수확 및 취급 시 물리적 상처에 세심한 주의가 요구된다.

○건조

수분 손실에 의한 표면 건조현상은 수확 후 청과용 호박의 품질가치를 떨어뜨리는 중요 요인으로 작용하는데, 이것은 조직감의 저하 및 시듦 현상을 초래하여 소비자의 구매 의욕을 떨어뜨린다. 호박에서 이러한 수분 손실을 줄이려면 수확 후 선별, 포장 및 출하하는 과정에서 신속하고 주의 깊게 작업해야 하는데, 특히 표피손상 방지 및 온도가 높은 대기 중에 방치되는 시간을 줄여야 한다.

유통 중 수분 손실에 의한 피해를 방지하기 위해 청과용 호박은 폴리에틸렌 필름이나 기타 플라스틱 봉지에 포장하며, 포장용기 내부의 부적절한 기체 조성 및 수분이 맺히는 것을 방지하기 위해 미세한 구멍을 뚫어준다.

<그림 3-12> 물리적 손상에 의한 품질저하　　　<그림 3-13> 표면건조 방지를 위한 포장모습

○저온장해

청과용 호박은 5℃ 이하에서 1~2일 이상 저장하면 저온장해 현상을 보이는데 저온장해는 외관의 품질과 맛을 저하시킨다. 외부에 나타나는 현상으로 곰보 현상과 외피 색변화가 있다. 일반적으로 청과용 호박은 저온장해에 의해 판매 과정에서 보통 시듦과 황변 그리고 부패현상을 초래한다. 저온장해는 누적되는 양상을 띠므로 수확 후 5℃ 이하의 저온에 두지 않도록 해야 한다.

이와 같이 저온장해 현상을 피하는 방법은 저장 온도를 높게 유지하는 것이 일반적이다. 그러나 청과용 호박을 포함한 모든 원예 산물은 온도가 높을수록 품질 변화가 크므로 저온장해 없이 저온에서 보관한다면 신선도를 좀 더 연장할 수 있을 것이다. 따라서 낮은 온도에서 저온장해를 방지하려는 여러 방법이 보고되고 있는데 간단히 처리할 수 있는 방법으로는 청과용 호박에 1%의 염화칼 슘을 침지 처리 후 4℃의 저온에 저장하면 저온장해가 억제되고 경도 유지에도 효과적이다.

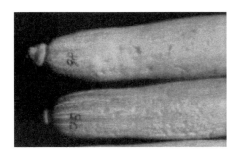

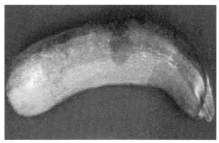

<그림 3-14> 청과용 호박의 저온장해　　　　　<그림 3-15> 동결장해

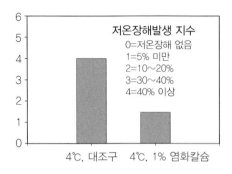 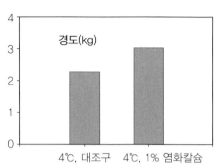

<그림 3-16> 호박의 염화칼슘 처리에 따른 저온장해 발생 및 경도 비교(상명대학교)

○ 동결장해

청과용 호박은 저온장해 현상도 있지만 동결되기도 쉬워 보통 -0.5℃에서 동결장해가 발생하기 시작된다. 동결장해의 증상은 물에 젖은 형상의 반점이 외피조직 및 과육에 나타난다. 이것은 시간이 지날수록 갈변이 증진되고 또한 젤라틴화 현상으로 나타난다. 따라서 온도관리에 주의가 필요하다.

○ 병리장해

수확 후 손실을 일으키는 병원균은 표면의 미세한 상처 등을 통해 쉽게 침입할 수 있는데, 청과용 호박에서 가장 큰 품질저하가 바로 병원균에 의한 부패이다. 이것은 저온장해와 물리적 상처가 복합적 요인으로 작용하는 것으로 물리적 손상 및 저온장해 발생을 방지하는 것이 중요하다.

숙과용 호박

가. 수확시기 및 품질지표

(1) 수확시기

일반적인 숙과용 호박은 착과에서 성숙을 거쳐 완숙되기까지 대략 40~60일 정도가 걸린다. 6월 하순경에 착과시킨 호박의 경우 보통 8월 중순이면 성숙이 되는데 이때 수확을 하면 온도가 높아 저장력이 떨어지고 호박 고유의 풍미는 있으나 전분, 당 등의 축적이 미흡하기 때문에 가을 수확기인 서리가 오기 전까지 그대로 매달아 두어 상품의 질을 높여서 수확하도록 해야 한다. 이렇게 하여 서리 오기 전 10월 상순경에 일제히 수확하는데 잘 성숙된 늙은호박은 황갈색의 과피에 흰색 분가루가 생기며 과실 자루는 황갈색으로 목질화가 된다.

단호박의 경우에는 수확기가 되면 과피색이 녹색에서 농녹색으로 변하고 과경 부위가 갈라진다. 수확 시기는 6~9월인데, 50일 이상 성장한 것을 수확하고 미숙과가 수확되지 않도록 주의한다. 당도가 높고 과육색이 농황색인 고품질의 단호박을 만들기 위해서는 수확기까지의 일수, 수확 후의 저장일수를 고려해야 한다. 착과 후 55일 정도 되면 맛이 좋은 완숙과가 되는데, 이 시기가 수확적기라고 볼 수 있다.

수확 시 주의할 점은 호박이 상처를 입지 않게 조심스럽게 수확하는 일이다. 숙과용 호박은 수확기보다 저장하여 출하하는 것이 농가 수취 가격에서 매우 유리하므로 저장할 것을 염두에 두고 주의해서 수확한다. 만일 수확 운반 도중에 상처를 입게 되면 1개월 이내에 부패하므로 상처 입은 호박은 바로 출하해야 하며 미성숙된 호박도 저장력이 떨어지므로 수확 직후 바로 출하하도록 한다.

(2) 품질지표

숙과용 호박의 외관적 품질은 품종 고유의 크기와 완전한 외피의 형성이 중요하다. 내부품질은 카로티노이드 함량에 기인한 내부색도, 건물중(乾物重), 당과 전분 함량이 품질 지표의 기준이 된다.

나. 수확 후 생리특성

(1) 에틸렌의 생성 및 반응

숙과용 호박의 에틸렌 발생량은 20℃에서 0.5nl/g/hr 이하이지만 저온장해 발생 시에는 에틸렌 발생량이 3~5배 정도 증가한다. 에틸렌에 대한 반응은 단호박의 경우 외피의 녹색을 감소시키며 줄기의 노화를 야기하므로 상처과 및 부패과와 함께 보관하지 않도록 한다.

(2) 환경기체에 대한 반응

7% 정도의 높은 탄산가스 농도 조건은 단호박의 외피색 변화를 지연시키지만

일반 숙과용 호박의 경우는 특별한 효과가 없다. 그리고 낮은 산소농도 조건도 품질유지 면에서 효과를 볼 수 없으므로 환경기체에 의한 숙과용 호박의 저장성 향상은 의미가 적다.

다. 저장기술

(1) 저장조건

일반 숙과용 호박의 최적 저장온도는 12~15℃이며 10℃ 이하의 온도에서는 저온장해에 민감하게 반응한다. 저장 가능 기간은 보통 12~15℃에서 품종에 따라 2~6개월 정도이다. 단호박의 경우는 외피 녹색의 변화 방지에는 10~12℃에 저장하는 것이 좋으며 15℃ 이상의 저장온도는 높은 중량감소와 색의 변화 그리고 조직감의 상실을 야기한다.

최적 상대습도는 환기가 잘되는 환경에서 60~70% 수준이 호박의 저장습도로 적당하다. 이보다 높은 상대습도는 부패를 초래하므로 일부 중량감소가 있더라도 60~70%의 조건으로 저장한다. 이 조건에서 중량감소량은 보통 12.5℃에 저장할 경우 1주에 약 1.0%, 20℃에 저장할 경우에는 약 1.5% 정도이다.

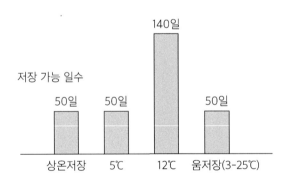

<그림 3-17> 저장온도별 저장 가능 일수(경기도 농업기술원)

(2) 저장방법

숙과용 호박을 저장할 때는 상처가 없는 깨끗한 것을 골라서 저장해야 부패 발생이 적다. 상품성이 떨어지는 것은 저장 시 부패가 빠르므로 그림과 같이 상처가 없고 품질이 우수한 것을 골라 저장해야 한다.

<그림 3-18> 원형 호박

<그림 3-19> 편원형 호박

장기 저장에 알맞은 호박은 일반적으로 원형이거나 편원형이 좋다. 숙기는 완숙된 것이 좋으며 미숙한 것은 저장과정에서 부패율이 높다. 호박을 적재할 때는 계단식이나 받침대 그물망 등을 이용하여 서로 닿거나 겹치지 않게 올려놓아 통풍이 잘 되도록 하며 온도는 12~13℃, 습도는 70~75% 정도로 유지해 준다. 이러한 조건을 맞추어 주면 6개월까지도 저장이 가능하다.

저장 중 부패과가 발생하면 다른 정상과에도 부패를 촉진시키는 유해가스(에틸렌 가스 등)가 발생하므로 발견 즉시 제거해 주어야 하며, 품질을 수시로 파악하면서 호박가격 동향을 조사하여 가격이 좋은 시기에 출하할 수 있도록 한다.

<표 3-3> 숙과용 호박의 140일 저장 시 적재방법별 부패율

저장방법	부패율(%)
막쌓기 저장	66
받침 없이 1단 저장	32
받침 1단 저장	30
그물망 위 1단 저장	28

* 경기도농업기술원

<표 3-4> 저장방법 및 기간별 저장효과

저장방법	부패과율(%)				
	12월 16일	1월 26일	2월 26일	3월 26일	4월 26일
상온저장	14	22	100	–	–
풍건저장고 12℃ 가온저장	2	18	24	28	48

저장방법	부패과율(%)				
	12월 16일	1월 26일	2월 26일	3월 26일	4월 26일
저온저장고 12℃	4	22	28	30	52
저온저장고 5℃	0	60	98	100	-
움저장(3~25℃)	12	75	100	-	-

* 경기도농업기술원
- 저장개시일 : 11월 6일

<그림 3-20> 저장 방법별 저장모습

(3) 저장 시 발생하는 문제점 및 방지 방법

○ 저온장해

숙과용 호박의 저장 중에 발생하는 품질저하 현상으로는 저온장해가 대표적이다. 증상은 표면이 움푹 들어가는 곰보현상으로 나타나고 저장 및 유통과정에서 부패를 야기한다. 5℃에서 1개월 정도의 시간이면 저온장해 증상이 발생하기에 충분한 시간이다. 품종에 따라 다르지만 10℃에서도 몇 개월 안에 저온장해가 발생할 수 있으므로 균일한 온도조절이 필수적이다.

○ 병리장해

숙과용 호박의 저장 중 발생하는 부패에 몇 가지 진균들이 관여하는데, 일반적으로 시들음병균(Fusarium), 잘록병균(Pythium), 탄저병균(Colletotrichum), 덩굴마름병균(Mycosphaerella) 등이다. 저장 중 썩음병은 숙과용 호박이 냉해를 입었을 때 많이 발생하며, 수확 시 과숙한 과실 즉 수확시기가 2주 이상 지난 것은 저장 중 더 쉽게 부패하는 현상을 보이므로 냉해 및 지나치게 과숙한 호박은 장기 저장을 피하는 것이 좋다.

<그림 3-21> 저장 중 병해

주요 병해충 방제기술

1. 주요 병해의 발병 특징
2. 주요 병해 발생생태 및 방제방법
3. 주요 발생 해충 및 방제방법

01 주요 병해의 발병 특징

연작 등으로 토양 내 염류가 과다 집적되면 양분 간 길항작용을 일으켜 특정 양분의 결핍과 부족이 생기고, 작물의 병에 대한 저항성이 약화되어 병 발생이 더욱 많게 된다. 또한 연작은 주로 토양전염을 하는 병해, 예를 들면 역병, 청고병, TMV 같은 바이러스병의 발생을 증가시키는 원인으로도 작용하게 된다. 노균병, 잿빛곰팡이병, 균핵병, 덩굴마름병, 검은별무늬병, 탄저병, 잘록병은 저온다습 조건에서 많이 발병하며, 덩굴쪼김병, 역병, 세균성 병해는 비교적 고온조건에서 많이 발생한다. 덩굴쪼김병과 흰가루병은 다습조건이 지속된 후 일정 기간 건조하게 되면 많이 발병한다. 한편 하우스 자재의 계속 사용은 공기 전염성 병원균의 월동처를 제공하여 다음 작기로 옮기는 다리 역할을 하는 경우도 있다. 병해 방제의 가장 근본적인 것은 정확한 진단과 병의 진전, 피해 정도 및 방제 필요성 여부를 판단하여 합리적인 방제법을 적용하는 것이다.

<표 4-1> 호박작물에 발생하는 주요 병해

발생 부위	주요 병해
잎	노균병, 덩굴마름병, 흰가루병, 탄저병, 검은별무늬병, 오이녹반모자이크병
줄기	덩굴마름병, 균핵병, 검은별무늬병, 잘록병
과일	균핵병, 검은별무늬병, 잿빛곰팡이병, 탄저병
뿌리	덩굴쪼김병, 역병, 풋마름병

노균병(Downy mildew)

가. 병징

주로 생육 중기 및 후기의 잎에 발생한다. 초기에는 잎의 앞면에 퇴색된 작은 부정형 반점이 엷은 황색을 띠고, 잎 뒷면의 병반은 불분명하다. 아랫잎에서 먼저 발생되고 위로 진전되는데 엽맥에 둘러싸인 병반들이 합쳐지면서 커지고 잎이 말라 죽는다. 병든 잎은 잘 찢어지고 황갈색을 띤다. 환경이 적당하면 잎 뒷면에 이슬처럼 보이는 곰팡이가 다량 형성되어 회백색으로 보인다.

나. 병원균 : *Pseudoperonospora cubensis* Rost.

절대기생균으로 인공배양이 되지 않으며, 살아있는 기주식물체에만 기생한다. 포자낭에는 유주자를 형성하는데, 쉽게 이탈되어 공기 중으로 퍼지게 된다. 유성세대인 난포자는 병든 식물체 내에서 환경이 불량해지면 형성되고 병원균의 분생포자 형성과 발아 최적온도는 15~20℃이다.

<그림 4-1> 노균병 발병 잎

<그림 4-2> 노균병원균

다. 발생생태

조균류에 속하고 분생포자와 난포자를 형성한다. 그러나 난포자는 거의 형성하지 않고 분생포자로 전염을 반복한다. 분생포자는 유주자낭으로 발아하여 1~8개의 유주자를 방출하고 2개의 편모를 가진 유주자는 잎의 표면에 존재하는 물방울 내에서 유영으로 확산되며 수 시간이 경과하면 편모가 제거되어 구형으로 되며 이로부터 발아관을 내서 기공으로 침입한다. 분생포자의 발아온도는 21~24℃, 포자형성 적온은 15~19℃, 감염은 15~30℃의 범위에서 일어난다. 발병은 잎 표면에 존재하는 기공 주변의 습도가 높고 낮음에 따라 밀접한 관계를 갖고 습도가 높을 때 발병하기 쉽다.

라. 방제방법

시설 내의 온도와 습도 관리에 특히 주의하여야 하고 통풍과 채광을 좋게 하며 환기를 충분히 하고 온도가 너무 높지 않게 관리한다. 포장의 위생관리도 철저히 하여 이병잔재물의 신속한 제거로 전염원이 더 이상 확산되지 않도록 한다. 정식토양은 전층시비를 하여 생육기에 양분이 결핍되지 않도록 유기물 및 3요소를 균형적으로 시비한다. 병이 많이 발생하는 시기에는 철저한 예찰을 통하여 발병 전부터 주기적으로 약제를 살포하여 주고 발병 정도에 따라 추가적으로 2주일에 1~2회씩 예방 위주로 살포하여 방제한다.

뿌리썩음병(*Pythium* root & fruit rot)

가. 병징

유묘기에는 잘록 증상을 일으키며, 생육 중기 이후에는 시들음을 일으키는데 토양에 닿은 과실이 썩기도 한다. 토양 가까운 부위의 줄기나 뿌리는 수침상으로 썩고, 갈색을 띠며 잎은 누렇게 변하고 시든다. 일반적으로 잔뿌리가 먼저 침해를 받고 진전되면 주근과 줄기 아래로 병이 진전된다. 과실에는 흰곰팡이 균사가 자라고 후에 감염 부위는 물컹하게 썩는다.

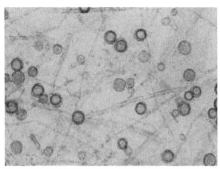

<그림 4-3> 뿌리썩음증 발병 피해증상   <그림 4-4> 뿌리썩음병원균

나. 병원균 : *Pythium ultimum* Trow, *Pythium spinosum* Sawada

장란기의 크기는 17~21㎛, 난포자의 크기는 15~19㎛이다. 장란기 외벽에는 굵은 가시 같은 돌기가 여러 개 돋아 있다. 이 돌기의 크기는 3.5~8.5 × 1.5~2.0㎛이다. 토양전염하고 수분을 매우 좋아하는 반수생균이기 때문에 매우 넓은 기주범위를 가지고 있다.

다. 발생생태

기온이 다소 서늘하고 토양이 다습한 조건에서 발생이 심하지만 외부 병징은 고온 건조 시에 잘 나타난다. 병든 식물체 내에서 난포자 상태로 월동 후 토양 온도가 10℃ 이상이 되면 다시 발아하여 활동을 시작하는데, 주로 물을 따라 전반되며 관수 후 2~3일 내에 기주를 침입한다. 상처 없이도 침입이 가능하지만 상처가 있을 때 침입이 용이하다.

라. 방제방법

(1) 재배적 방제

발병지에서는 재배 전에 토양소독을 실시하고 강우 시엔 하우스가 침수되지 않도록 배수를 철저히 하고 높은 이랑재배를 하는 것이 좋다. 이병주는 발견 즉시 제거해 다른 포기로의 전염을 막는다.

(2) 약제 방제

약제 방제로는 농약사용지침서를 참조해 관련 등록약제를 기준 농도에 맞추어 살포하고, 정식 시 작물의 뿌리를 약제 희석액에 침지하여 정식하거나 정식 후에도 1~2회 관주 처리하면 효과적이다.

역병(*Phytophthora* fruit rot)

가. 병징

잎, 엽병, 줄기 및 과실 등에 발병한다. 잎의 경우에는 많은 강우 후 뜨거운 열을 받은 것처럼 대형의 병반을 형성하고 맑게 개여 건조하면 하얀색의 병반을 형성한다. 병반이 잎에 붙어 형성되면 잎 전체가 시들어 고사한다. 엽병이나 줄기의 경우에는 뜨거운 열에 의해 데인 것처럼 되기도 하고 건조하면 가늘게 구부러지고 이것 때문에 시들게 된다. 과실에는 수침상의 약간 움푹 들어간 병반을 만들지만 마디의 표면에는 백색분상의 곰팡이를 형성하고 이것은 다시 누런 백색의 균총으로 된다. 대부분의 경우 수일 내에 부패한다.

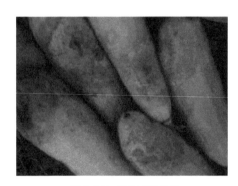
<그림 4-5> 역병 피해 과실

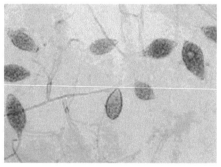
<그림 4-6> 분리된 역병균의 유주자낭

나. 병원균 : *Phytophthora capsici Leon.*

물을 좋아하는 반수생균으로 물속이나 배양기상에서 유주자낭을 쉽게 형성하고 여기서 유출된 유주자는 2개의 편모를 가지고 물속을 유영하며 전반된다. 유주자낭은 유두돌기가 뚜렷하고 방추형인 유주자낭을 형성하는 것이 특징이지만 균주에 따라 다양한 형태와 크기의 유주자낭을 형성하기도 한다.

다. 발생생태

역병균은 토양 속에서 장기간 생존하므로 기주식물을 동일 장소에서 연작하면 병원균의 밀도가 증가되어 병 발생을 많게 하는 요인이 된다. 병원균은 산성토양에서 생육이 좋으므로 산성토양인 포장에서는 병 발생이 많아진다. 토양 내 유기물 함량도 역병의 발생에 영향을 미치므로 토양 내 물리성 및 화학성의 개선에 의한 유용미생물의 밀도가 증가됨으로써 상대적으로 역병균의 활성이 저하되어 병 발생이 감소된다. 우리나라 토양의 유기물 함량은 화학비료의 사용증가와 함께 점차 감소하고 있어 역병 발생을 증가시키는 한 요인으로 작용한다. 토양이 장기간 과습하거나 배수가 불량하고 포장이 침수되면 병 발생이 조장된다. 병원균은 병든 식물체 조직에서 균사나 난포자 상태로 월동하여 이듬해 다시 발아해 전염원이 되는데, 전국적으로 널리 퍼져 있고 넓은 기주 범위를 가지고 있다.

라. 방제방법

발병지에서는 토양소독을 실시하고 강우 시에는 재배포장이 침수되지 않도록 배수를 철저히 하며 높은 이랑재배를 하는 것이 좋다. 이병주는 발견 즉시 제거하여 다른 포기로의 전염을 막는다. 한편 잦은 강우 시에는 물이 잘 빠지도록 고랑을 깊게 치거나 물 빠짐이 좋게 재배하는 것이 좋다. 또한 석회나 퇴비를 시용하면 역병균의 생육을 억제하는 미생물의 증식이 촉진되어 발병이 억제된다. 잦은 강우 시 빗물에 의한 전염을 억제하기 위해 비가림 재배로 감염을 막아준다. 호박 지제부는 역병에 가장 약하므로 이 부위가 땅에 묻히거나 복토 시 깊이 묻히지 않도록 주의해야 한다. 생육기 발병이 시작되면 병든 포기를 신속히 제거하고 적용 가능 약제로 지상 살포보다 지제 부위에 관주 처리하여 방제하는 것이 방제효율을 높일 수 있다. 착과된 과일에는 토양과 접촉한 부분에서 발병되는 경우가 많은데 이때는 과실이 장기간 토양과 접촉하지 않도록 돌려놓거나 과실이 토양과 직접 닿지 않도록 받침을 하여 놓으면 발병을 예방할 수 있다.

배수가 불량하거나 많은 강우 시에는 배수가 잘 되는 포장에서도 발병이 많기 때문에 철저하게 배수가 되도록 해야 한다. 상습발병지에는 돌려짓기를 실시한다.

잘록병(Damping-off)

가. 병징

유묘기부터 육묘 중에 다발생하며 생육 중기까지 발생한다. 어린 식물체는 지제부가 잘록하게 썩고, 감염된 묘는 잘 쓰러지며, 결국에는 말라죽는다. 어느 정도 자란 식물체는 줄기의 지제부가 움푹 들어가거나 갈라지면서 부패한다. 감염 부위는 흑갈색 또는 흑색으로 변하며, 지상부의 생장은 부진하다.

<그림 4-7> 잘록병에 의한 피해(유묘)

나. 병원균 : *Rhizoctonia solani* Kuhn

담자균에 속하며, 담자기와 담자포자를 형성한다. 담자기의 상부에는 보통 3~5개의 소병이 형성되고 이 소병 끝에서 담자포자가 형성된다. 무성세대에서는 분생포자를 형성하지 않으며, 균사의 분기점이 약간 잘록하고 이로부터 가까운 곳에서 격막이 형성되는 특징을 가지고 있다. 균핵은 계통에 따라 모양과 크기가 다양한데, 보통 구형 내지 부정형이고 색깔은 담갈색 내지 암갈색이다. 이 균의 생육온도 범위는 균사융합군 및 배양형에 따라 다르나, 전체적으로 생육적온은 22~30℃ 범위이다. 병원균의 병발생 관여 균사융합군 및 배양형은 AG-1(1B), AG-4, AG-5인데, 생육 초기까지는 이들 균사융합군이 모두 병을 일으킬 수 있으며, 생육 중기에는 주로 AG-4에 의해서만 병이 발생한다.

다. 발생생태

병원균은 병든 식물체의 조직 혹은 토양 내에서 균사나 균핵의 형태로 존재하며, 월동 후 발아하여 균사가 식물체의 지제부 혹은 지하부를 침해하여 병을 일으킨다. 보통 습기가 많은 토양에서 발병이 잘되고 병원균의 병을 일으키는 균사융합군은 다른 작물에도 잘록병을 일으킨다.

라. 방제방법

병 발생이 심한 포장은 다른 비기주 작물과 돌려짓기를 한다. 또한 토양이 다습하지 않도록 주의한다. 초기에 병 방제를 하기 위해서는 무병종묘를 파종하여야 하며, 재배작물에는 균형시비를 하여 식물체의 저항성을 길러주는 것이 중요하다. 약제방제는 등록되어 있는 약제를 선택해 적기에 예방 위주로 방제한다. 병 발생이 심한 포장에서는 토양소독제를 이용하여 토양소독을 하는 것이 방제에 효과적이다.

흰가루병(Powdery mildew)

가. 병징

주로 잎에 발생하며, 잎자루와 줄기에도 발생한다. 잎에는 처음 흰색의 분생포자가 점점이 나타나고, 진전되면 잎 전체에 밀가루를 뿌려 놓은 것 같은 증상으로 변한다. 기온이 서늘해지면 병 반상에 흑색소립점(자낭각)이 형성된다. 이 병으로 인하여 잎이 고사되는 경우는 적으나 병든 포기는 빨리 노화되어 수확기간이 단축된다.

<그림 4-8> 흰가루병 발병 잎

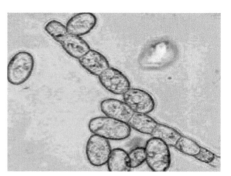
<그림 4-9> 분리된 흰가루병원균

나. 병원균 : *Sphaerotheca fuliginea* Pollacci.

진균계의 자낭균에 속하는 순활물기생균으로 인공배양이 되지 않으며, 분생포자와 자낭포자를 형성한다. 병원균은 비교적 고온에서 번식하며, 유황에 대해선 매우 약하다.

다. 발생생태

자낭각의 형태로 병든 식물체의 잔재에서 월동하여 전염원으로 작용하며, 시설 내에서는 분생포자가 공기 전염되어 계속해서 발생한다. 이 병은 일반적으로 15~28℃에서 다발생되며, 32℃ 이상의 고온에서는 병 발생이 억제된다. 대체로 일조가 부족하고 밤낮의 온도차이가 크고 다비재배를 할 때 병 발생이 많아진다.

라. 방제방법

(1) 재배적 방제

시설재배지에서는 환기가 잘되는 양쪽의 측창 부분부터 발생되므로 예찰을 철저히 하여 초기부터 적극적으로 방제하여야 한다. 야간에는 습도를 낮추는 것이 좋으며, 낮 동안에도 최대한 실내의 습도를 낮추는 환경조절이 필요하다. 비배관리 측면에서는 규회석 및 칼리비료를 적당히 시용하여 발병 후 진전이 억제되도록 헤야 한다.

(2) 약제 방제

약제 방제는 수확 2~5일 전까지 주기적으로 지상부의 경엽살포에 의존하여 방제한다. 생육 초기에는 등록약제를 이용하여 적기 방제하고, 수확 직전 또는 수확 중에는 과실 내 농약잔류량을 감안하여 농약안전사용처리지침을 준수하여 방제하도록 한다. 또한 흰가루병 발병이 심한 때에는 흰가루병 발병에 억제 효과가 있는 규산칼륨을 이용하여 발병을 억제시킬 수 있으며, 이때에는 처리 농도를 100~150ppm 정도로 하여 경엽에 살포하여 준다. 흰가루병은 한번 발생되어 포장에 전체적으로 퍼지고 나면 방제가 쉽지 않으므로 발병 초기에 예방 위주로 방제한다. 병이 발생되었을 때는 1주일 간격으로 연속하여 2~3회 등록 약제를 바꾸어 가면서 살포해야 효과적인 방제가 가능하다.

균핵병(*Sclerotinia* rot)

가. 병징

줄기, 잎, 잎자루, 과실에 발생한다. 줄기에서는 지제부가 변색되어 썩으며, 흰 균사가 자라다 후에 부정형의 검은 균핵을 형성한다. 잎과 잎자루에서는 주로 상처 부위에서부터 감염되어 흰 균사가 자라면서 썩고 후에 균핵이 형성된다. 과실에서는 꽃이 달린 부위에서부터 감염이 시작되어 과실 안쪽으로 물러 썩으며 흰 균사가 자라고 균핵을 형성한다.

<그림 4-10> 균핵병 발병 과실

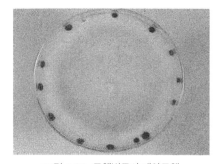

<그림 4-11> 균핵병균의 배양균핵

나. 병원균 : *S.sclerotiorum*

자낭균에 속하며 균핵, 자낭반, 자낭, 자낭포자를 형성한다. 균핵은 흑색, 부정형이며 휴면 후 발아하여 1~8개의 자낭반을 형성한다. 자낭 내에는 8개의 자낭포자가 형성되며, 자낭포자는 무색, 단세포, 타원형이다. 균사생육 온도범위는 1~30℃이고, 생육적온은 22~24℃이다.

다. 발생생태

연작재배지 특유의 병해로 무가온 재배형태이거나 야간의 기온이 낮을 때 지표면에 멀칭을 하지 않았을 때, 이랑관수를 실시할 때 피해가 나타나며, 하우스 억제 재배 시는 하우스 내의 온도가 내려가는 때에 발병이 심한 경향이다. 피해주의 덩굴과 과실이 수침상으로 연화한 후 점차 건조되면 백색의 분생물이 진전된다. 과실이 처음에는 연해지고 조금 지나면 백색의 솜 같은 것이 붙는데 방치해 두면 과실 표면에 쥐똥 같은 균핵이 형성된 후 포자가 비산하여 공기 전염한다. 균핵은 토양에서 최고 10년 이상 생존하기 때문에 질소비료 연용 시 다발생하고 특히, 호박 유과 때 암꽃이 떨어지기 전에 과실의 선단부에 발생하는 경우가 많은데 이 경우 잿빛곰팡이병과 유사하여 오인하는 경우가 많다.

라. 방제방법

균핵이 형성되기 전에 피해 잎과 덩굴, 과실 등을 절단해서 제거한다. 병원균의 생장 최적 산도는 pH 5.2이므로 재배 전에 석회를 충분히 사용하는 것도 발병을 억제할 수 있는 한 가지 방법이다. 등록약제를 고루 살포하여 방제하고 습도가 높은 지제부는 6~7일 간격으로 3회 정도 살포하여야 한다. 한편 작물 수확 후에는 이병물에서 균핵 또는 균사의 형태로 월동하므로 이병물을 철저히 제거하고 상습재배지는 비기주 작물을 돌려짓기하거나 심경으로 균핵을 매몰하고 답전 윤환 및 담수처리(60일 이상)로 병원균의 사멸을 유도한다.

덩굴마름병(Black rot, Gummy stem blight)

가. 병징

잎과 줄기에 발생하나 드물게는 과실에도 발생한다. 잎에는 처음 소형의 갈색 반점이 생기고, 진전되면 부정형의 대형 갈색병반(1~2㎝)으로 확대된다. 줄기와 과경에는 회백색의 작은 반점이 나타나고, 진전되면 줄기를 따라 상하로 병반이 확대되며 심하면 줄기 전체가 고사하고 병반상에는 작은 흑색점(병자각, 자낭각)이 많이 형성된다.

<그림 4-12> 덩굴마름병 발병 줄기

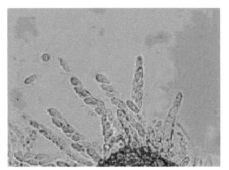

<그림 4-13> 분리병원균

나. 병원균 : *Didymella bryoniae* Rehm.

진균계의 자낭균으로 병포자와 자낭포자를 형성한다. 병자각은 표피 밑에 형성되며 병포자는 무색으로 2세포이며 장타원형이다. 병원균의 생육온도 범위는 5~36℃이며, 생육 적온은 20~24℃이다.

다. 발생생태

적당한 환경조건이 되고 다습하게 되면 식물체의 약한 부위에 침입하여 병을 일으킨다. 특히 병원균의 생장에 적당한 온도인 6월 하순부터 발생이 크게 증가한다. 이는 여름 장마철과 겹쳐 발병에 좋은 조건이 되었기 때문으로 이 기간에 중점적으로 방제하는 것이 무엇보다 중요하다. 터널 조기재배에서는 5월경에 비가 계속 내리면 터널이 과포화 상태가 되는데 그 후 터널의 비닐을 제거하여 따스한 공기가 밑 부분으로 스며들게 되면 병원균이 지제부를 통해 침입하기 쉽다.

라. 방제방법

연작재배지에서는 병원균의 밀도를 줄이기 위해 휴경기에 경작지를 침수처리 해야 한다. 침수처리는 토양 내 잔존하는 병원균의 생장에 불리한 조건을 만들어 밀도를 억제하는 것으로 실제 3개월 이상 담수 시 병원균의 밀도를 현저하게 낮출 수 있다. 상습발병지에서는 고온다습한 조건이 병 발생에 용이하므로 과습하지 않도록 배수를 좋게 한다. 또한 병원균은 수매전염도 하므로 이랑을 50㎝ 이상 높게 설치하여 장마철에 물 빠짐이 좋도록 해야 한다. 덩굴마름병을 효과적으로 방제하기 위해서는 정식 후 활착이 완전하게 된 시점(발병 전)에서 보호성 등록 살균제를 예방적으로 1회 살포하여 준다. 최근에는 지제 부위에 다량 발생되어 피해가 증가하고 있는데 이때에는 적용 약제의 잦은 살포보다는 약제를 물에 희석하여 묽게 갠 다음 붓을 이용하여 병반 부위에 도포 처리하는 것이 방제효율을 높일 수 있다.

덩굴쪼김병(*Fusarium* wilt)

가. 병징

유묘기에는 잘록증상으로 나타나며, 생육기에는 잎이 퇴색되고 포기 전체가 서서히 시들며 황색으로 변해 말라죽는다. 시들음 증상을 보인지 3~5일이 지나면 회복이 어렵고 식물체는 곧 죽는다. 주로 하엽부터 황화되고 한쪽의 줄기가 먼저 시드는 경향을 보이는데 경우에 따라서는 갑자기 포기 전체가 시들기도 한다. 병원균은 주로 곁뿌리가 나온 부분으로 침입하여 도관부를 침입하는데 뿌리와 줄기 아래는 암갈색으로 썩는다. 때로 끈적끈적한 수액이 병든 조직으로부터 유출되기도 하고 줄기가 갈라지기도 한다. 기온이 상승한 건조한 낮 동안에는 심하게 시들고 아침에는 다소 회복되기도 하는데 과실이 착과된 이후에 갑자기 시드는 경우가 많다.

나. 병원균 : *Fusarium* sp.

진균계의 불완전균에 속한다. 호박덩굴쪼김병균은 수박덩굴쪼김병균과 동일한 균으로 추정되지만 아직 병원균의 기주 특이성이나 생리적 특성 등에 대한 상세한 조사가 이루어지지 않았다.

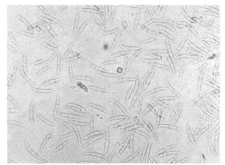

| <그림 4-14> 덩굴쪼김병 발병주 | <그림 4-15> 덩굴쪼김병균의 분생포자 |

다. 발생생태

병원균은 후막포자의 형태로 토양 속에 생존하며 토양전염 한다. 후막포자는 기주체 없이도 생존할 수 있으며 환경이 좋아지면 식물의 뿌리 분비물질 속에 있는 탄소원이나 질소원을 이용하여 발아해 식물체의 뿌리를 통해 침입한다. 주로 뿌리의 상처 부위나 곁뿌리 틈, 혹은 근관을 통하여 침입하고 물관부에서 증식하여 주로 소형분생포자를 다량 형성한다. 소형분생포자는 물관부를 따라 급격히 퍼지며 물관부는 균사나 포자 혹은 병원균이 분비하는 독소 등으로 시들게 된다. 시들음 병원균은 고온성으로 특히 지온이 높을 때 발육이 좋다. 토양수분의 정도에 따라 병원균의 생존 및 증식에 많은 영향을 받는데 시들음 병균은 부생성이 약하므로 다른 미생물이 잘 살지 않아 경쟁이 심하지 않은 모래 땅의 건조한 환경조건에서 생존한다. 시들음 병원균은 산성토양에서 번식이 좋아 발병이 많고 중성이나 알칼리성 토양에서는 발병이 적다. 유기물이 적은 토양이나 질소질 비료를 과용하여도 시들음병 발생이 많아진다.

라. 방제방법

연작은 되도록 피하고 최소한 3~5년간 돌려짓기를 실시하는 것이 좋으며 이병 식물은 조기에 발견 제거하고 이병잔재물이 포장에 남지 않도록 유의한다. 시비 는 3요소를 골고루 균형시비하고 석회를 10a당 150kg 이상 사용하여 토양의 pH 를 조절한다. 뿌리의 기능 저하는 착과과다에 의한 경우가 가장 심하므로 적당한 착과로 뿌리의 쇠약을 방지하여 초세의 안정을 도모해야 한다. 약제방제는 작물을 파종 또는 정식 2~3주 전에 등록약제로 토양소독을 실시한 후에 재배한다.

탄저병(Anthracnose)

가. 병징

수확기의 과실이나 수확 후 저장 중인 과실에서 발생한다. 처음에는 과실 표면이 수침상으로 물러 보이고, 진전되면 약간 움푹 들어간 암갈색 내지 흑색의 원형병반이 형성된다. 심하게 진전되면 병반이 겹둥근무늬로 확대되고, 병반의 중앙 부위는 물러 썩으며 후에는 과실의 내부까지 병원균의 균사가 자라면서 심하게 부패한다.

나. 병원균 : *Colletotrichum orbiculare*(Berk) Arx.

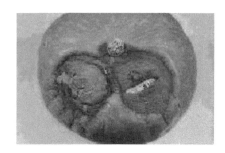

<그림 4-16> 탄저병 발병 과실   <그림 4-17> 탄저병균의 분생포자

다. 발생생태

강우가 오래 계속되어 기온이 낮아질 때 많이 발생한다. 떡잎부터 발생하기 시작하여 수확기까지 계속되며 출하나 저장 중에도 발생한다. 생육기의 발병은 장마철의 상황에 따라 다르나 보통 6월에서 7월 상순에 덩굴, 과실 꼭지 및 과실에 발생한다. 병원균의 전염경로는 병든 포기에서 균사 형태로 월동해 다음해 균사에서 포자가 발생하여 날아다니다 떡잎, 덩굴, 과실에 부착해 발아한다. 그 후 병원균은 세포막을 관통하여 세포 내에 침입한 다음 재차 분생포자를 형성해 2차 전염을 일으킨다. 또 균사가 종자 표면에 부착된 채 그대로 월동하여 발생하는 수가 많다.

라. 방제방법

생육 초기에 질소과다를 피하고 줄기를 단단하게 생육시켜야 한다. 약제 방제는 발병기에 강우가 계속되면 비가 갠 틈을 이용하여 등록 약제를 살포해 방제한다. 특히 저온이 계속되어 발병의 위험성이 있을 때는 비가 올 때라도 사이사이에 비를 피해 약제를 골고루 살포하여 방제한다.

검은별무늬병(Scab)

가. 병징

잎, 과실, 줄기에 발생한다. 잎에는 처음 담갈색의 작은 반점으로 나타나고, 진전되면 0.5~1cm의 회갈색 병반으로 확대된다. 오래된 병반은 구멍이 뚫리고 지저분해진다. 과실과 줄기에는 작은 암녹색이 수침상 병반으로 나타나 함몰되며 균열이 생긴다. 병반상에는 흑색의 분생포자가 밀생한다. 생장 중인 새순에 발생하면 생장이 멈추고 총생하게 되어 상품성이 없어진다.

나. 병원균 : *Cladosporium cucumerinum* Ellis.

불완전균으로 분생자경과 분생포자를 형성한다. 분생자경은 황갈색으로 분지하며, 격막을 가지고 있다. 분생포자는 분생자경 위에 연쇄상으로 형성되며, 방추형 또는 레몬형으로 담갈색의 단세포 내지 2세포로 되어 있다. 병원균의 생육적온은 20℃ 내외이다.

<그림 4-18> 검은별무늬병 발병과실　　　　　<그림 4-19> 검은별무늬병 발병줄기

다. 발생생태

호박을 비롯한 동일한 박과작물 연작으로 인해 병원균 포자가 시설자재나 피해 잎 또는 덩굴 등에 붙어 생존하면서 발병하며 일단 발병하면 2~3년간 계속해서 피해를 나타내게 된다. 특히 저온기의 재배작형에서 저온다습으로 발생이 많고 생장점 부근의 연약한 잎과 덩굴, 어린 과실, 덩굴손 등을 주로 침해한다. 또한 과실에는 암녹색을 띠며 습윤상의 작은 콩알 크기 정도의 병반을 만들고 갈라져서 진액을 유출한 후 진한 회색 곰팡이가 생기는 것이 특징이다.

라. 방제방법

지주와 기타 농기구 등은 적용약제를 골고루 뿌린 후 사용하여야 하며, 재배토양을 비닐로 덮어 5~7일간 훈증 또는 고온온수를 이용해 소독 처리한 후 정식하여 재배한다. 호박덩굴의 선단부 근처에 발생한 경우에는 병반이 붙은 쪽으로 기울기 때문에 조기 발견이 가능하므로 속히 약제를 살포하여 전염확산을 억제한다. 또한 호박덩굴의 선단부에 발병한 것은 치료가 불가능하므로 절단 후 새로운 곁가지를 유도하여 생장시킨다. 약제방제는 오이 등 박과작물에 등록된 등록 약제를 이용하여 적정농도로 살포하여 방제한다.

잿빛곰팡이병(Gray mold)

가. 병징

잎, 과실, 잎자루에 발생한다. 과실에는 배꼽 부분에서부터 시작되는데, 처음에는 수침상의 병반으로 나타나고, 황갈색으로 변해 썩는다. 진전되면 병반상에 회갈색의 분생포자가 무수히 형성된다. 잎과 잎자루에는 꽃잎이 떨어져 붙어 있는 부분에서 감염이 시작되며 처음에는 갈색 소형 병반이 형성되고 진전되면 대형의 회색 병반으로 확대된다.

나. 병원균 : *Botrytis cinerea* Pers. Fr.

불완전균으로 분생자경은 갈색이며 분지하고 끝부분에는 작은 돌기가 형성되며 분생포자가 형성된다. 분생포자는 무색, 타원형 혹은 계란 모양으로 약간 돌출한 형태의 배꼽을 가지고 있다. 균핵은 흑색, 부정형이며 생육적온은 22~24℃이다.

<그림 4-20> 잿빛곰팡이병 발병 과실

다. 발생생태

발병 잎은 갈색의 원형 병반이 나타나고 줄기는 적심한 자리를 침입하여 갈색 병반을 형성한다. 생육 초기에 화판이나 과실 꼭지 및 어린 과실에 병반이 나타나면서 점차 부패하며 습도가 높을 때에는 피해부에 회색 내지 담갈색 분상의 곰팡이가 밀생하게 된다. 주로 과실에 다발병하며 발생시기와 증상은 균핵병과 비슷하고 저온 다습한 조건일 때와 3~4월의 강우로 인한 기온 저하 시 급격히 발생이 증가한다.

라. 방제방법

시설 내부가 다습하지 않도록 관수량을 줄이고 환기를 충분히 한다. 또한 병든 잎과 과실은 조기에 제거하고 저온기 온도조절 및 난방으로 습기가 높지 않게 관리한다. 한편 피해 과실과 잎을 조기에 제거하여 전염원의 밀도를 낮춘다. 방제 약제로는 박과작물에 등록된 적용가능 약제를 이용하여 방제하고, 습도가 높으면 발병이 심해지므로 이때에는 수화제보다 훈연제를 사용하여 방제한다.

바이러스 병

가. 바이러스 종류 및 특성

세계적으로 호박을 비롯한 박과작물에 발생하는 바이러스 종류는 30여 종이 알려져 있다. 이들 바이러스병은 진딧물, 딱정벌레, 멸구, 총채벌레, 온실가루이, 선충, 곰팡이 등으로 바이러스가 전염된다. 현재까지 우리나라 호박에서 주로 발생하는 바이러스는 다음과 같은 네 종류가 있다.

- 호박누른모자이크바이러스 (*Zucchini yellow mosaic virus*, ZYMV)
- 오이모자이크바이러스 (*Cucumber mosaic virus*, CMV)
- 수박모자이크바이러스 (*Watermelon mosic virus*, WMV)
- 쥬키니녹반모자이크바이러스 (*Zucchini green mottle virus*, ZGMMV)

최근 전국적으로 피해를 주고 있는 바이러스는 호박누른모자이크바이러스이다. 특히 추석 출하용으로 재배하는 작형의 애호박은 이 바이러스의 감염으로 과일이 울퉁불퉁한 기형으로 되어 상품성이 없어 재배를 포기하는 농가도 있다. 1999년 전주지역 쥬키니호박 재배단지에서 수박과 오이에서 주로 발생하는 오이녹반모자이크바이러스(*Cucumber green mottle virus, CGMMV*)와 유사한

생물적 특성을 갖고 있는 쥬키니녹반모자이크바이러스병이 집단적으로 발생하여 재배 농가에 경제적으로 큰 피해를 준 바 있다. 이와 같이 심한 피해를 주는 바이러스병 방제에 관한 연구는 국내외의 많은 연구자들의 노력에도 불구하고 유효한 약제가 아직까지 개발되지 않은 실정이다.

따라서 이들 바이러스의 전염특성을 정확하게 파악한 후 생태적 예방조치를 하는 것이 곧 최고의 바이러스병 방제대책이다.

(1) 바이러스 전염특성
○ 진딧물 전염 바이러스
진딧물에 의해 주로 전염되는 바이러스는 호박누른모자이크바이러스, 수박모자이크바이러스 및 오이모자이크바이러스가 있다. 호박누른모자이크바이러스는 종자전염이 되지만, 수박모자이크바이러스와 오이모자이크바이러스는 종자전염이 되지 않는다. 이들 세 종류의 바이러스들은 토양전염은 되지 않으나, 바이러스에 감염된 식물체의 즙액에 포함된 바이러스는 작업도구 등을 통해서 전염될 수 있다.

○ 쥬키니녹반모자이크바이러스
이 바이러스는 종자·토양·접촉전염을 하지만, 진딧물에 의해서는 전염이 되지 않는다. 물리적으로 안정화되어 있어 토양에서 수 개월 동안 병원성을 유지한다. 또한 80~90℃에서 10분간 열처리를 해야 전염력을 잃는 물리적으로 매우 안정화 되어 있다. 감염 식물의 세포 내에 이 바이러스는 높은 농도로 존재하고 있으며 전염력이 강하고 내보존성이 긴 특성을 지니고 있다.

(2) 바이러스병 증상
작물의 생육 이상증상은 생리장해와 더불어 바이러스를 포함한 여러 가지 병원균이 침입하여 식물체에 나타나는 증상이다. 특히, 바이러스병의 증상은 매우 유사한 경우가 많아 원인 바이러스를 진단하는 것은 어렵다. 따라서 정확한 진단을 위해선 진단키트를 이용하는 등 종합적으로 판단하는 것이 바람직하다. 또한 바이러스 병의 증상들은 바이러스 종류에 따라 몇 가지 특징적인 것을 제외하고는 잎에 얼룩덜룩한 모자이크 증상, 과일은 기형으로 변한다.

바이러스병 증상은 바이러스의 종류와 감염 식물체에 따라 병의 발현을 달리한다. 또한 동일한 바이러스가 동일한 작물에 감염되어도 감염시기, 환경조건, 품종에 따라 나타나는 증상은 다양하지만 일반적으로 나타나는 증상은 아래와 같다. 하지만 호박 식물체에 나타나는 증상만으로는 그 병을 일으키는 정확한 바이러스를 판단하는 것은 곤란 하다. 따라서 정확한 바이러스 진단은 전문가에게 의뢰하는 것이 좋다.

○ 진딧물 전염성 바이러스

호박황화모자이크바이러스 또는 수박모자이크바이러스에 감염 잎에 나타나는 초기 증상은 잎맥이 투명해지고 진전되면 잎에 모자이크 증상이 나타난다. 심한 경우에는 잎 표면이 수포 형성 또는 2, 4-D 피해 증상과 유사한 고사리 모양으로 잎이 기형으로 변한다. 호박 생육 초기에 감염되면 심하게 위축되고 생육이 지연되는 위축증상을 나타낸다. 늦게 감염되면 생장점 부위의 새로 나오는 잎에서만 얼룩덜룩한 증상이 나타난다. 감염된 호박 식물체에서 달린 과실은 표면이 울퉁불퉁한 기형과가 발생되어 상품성을 손실한다. 호박황화모자이크바이러스에 감염된 호박의 증상은 수박모자이크바이러스보다 잎과 과실에 병 증상이 더 심하게 나타난다. 현재 우리나라 호박재배에서 가장 피해를 주고 있는 바이러스는 호박황화모자이크바이러스이다. 한편 오이모자이크바이러스에 감염된 호박 잎은 작은 반점이 생기지만, 국내에 재배되는 호박 품종에 대해선 피해가 비교적 적은 편이다.

<그림 4-21> 호박황화모자이크바이러스(ZYMV)에 감염된 호박의 증상

○ 쥬키니녹반모자이크바이러스

감염 초기에 잎에 나타나는 증상은 작은 황화 반점이 잎에 다수 나타나고 이들 증상이 진전되면 얼룩덜룩한 약한 모자이크로 변한다. 과실의 표면은 작은 홈 및 볼록 증상이 나타나기도 하며 굴곡증상인 기형과로 변형하여 상품성을 손실하게 된다. 이와 같은 증상은 암꽃이 개화하기 전 어린 과실 상태에서도 관찰이 가능하다. 이 바이러스와 유사한 전염 특성을 갖고 있는 오이녹반모자이크바이러스는 애호박에서 감염이 확인한 품종은 아직까지는 없다. 쥬키니녹반모자이크바이러스는 쥬키니를 제외한 박과작물 재배지역에서 자연발생은 없는 것으로 판단되나 인위적 접종에서는 감염이 확인되어 오이녹반모자이크바이러스보다 감염 기주 식물의 범위가 넓은 편이다(표 4-2).

<그림 4-22> 쥬키니녹반모자이크바이러스병 증상

<표 4-2> 쥬키니녹반모자이크바이러스와 오이녹반모자이크바이러스의 병징

박과작물	쥬키니녹반모자이크바이러스	오이녹반모자이크바이러스
오이	모자이크	모자이크
수박	모자이크	모자이크
쥬키니	황화반점	무감염
애호박	황화반점	무감염
참박	모자이크	모자이크

나. 전염생태

(1) 진딧물 전염성 바이러스

진딧물로 주로 전염되고 병이 확산되는 바이러스는 호박누른모자이크바이러스, 수박모자이크바이러스 및 오이모자이크바이러스가 있다. 바이러스에 감염 식물체의 즙액을 빨아 먹은 진딧물은 1~2시간 동안 이동하면서 건전 식물체에 바이러스를 옮긴다. 특히 날개가 달린(유시) 진딧물이 바이러스병을 확산시킨다. 눈으로 잘 확인되는 날개가 없는(무시) 진딧물은 이동성이 적지만, 눈으로 확인이 잘 안되는 유시 진딧물은 이 병을 빠르게 전파한다. 또한 이들 바이러스는 박과작물에서 즙액을 통하여 전염이 가능하지만 토양전염이 된다는 보고는 없다. 오이모자이크바이러스는 고추 등 700여 종의 식물체에 감염되며, 잡초인 별꽃, 냉이 등 다양한 기주식물이 있다. 수박모자이크바이러스는 완두, 잠두 일부 품종, 시금치, 개쑥갓, 냉이 등, 호박황화모자이크바이러스는 광대수염, 미나리아재에서도 감염된다. 이들 중 다년생 잡초는 바이러스의 월동처이며, 1차 전염원 역할도 한다. 이들 잡초의 즙액과 함께 바이러스를 빨아 먹은 유시 진딧물은 호박재배 밭으로 날아들어 바이러스를 감염시킨다. 이와 같이 외부에서 날아오는 진딧물은 일반적으로 호박재배 하우스의 가장자리부터 발병을 일으킨다. 포장 내에서 처음으로 감염된 식물체가 그 병의 확산 원인으로 작용하여 바이러스를 신속히 전파하게 된다. 우리나라에서는 7~9월에 육묘하여 정식된 호박에서 진딧물 전염 바이러스병의 발생률이 높은 것은 이 시기가 날개달린 진딧물이 비례하는 시기와 일치하고 주변에 많은 바이러스의 전염원이 존재하기 때문이다.

(2) 쥬키니녹반모자이크바이러스

이 바이러스는 종자·토양·즙액 전염을 하는 전염력이 강한 바이러스에 속한다. 1차 전염원은 바이러스에 오염된 종자, 발병 토양, 오염 자재이며, 이 1차 전염원으로부터 발병이 확산된다. 농작업에 의한 작업자가 사용하는 손이나 도구에 이 바이러스가 오염되어 있을 경우가 주요 전염 요인이 된다. 또한 이 바이러스에 오염된 관개수나 감염 식물체 잔 재물로 전염된다. 이 바이러스병은 진딧물로는 전염이 되지 않는다.

○ 종자전염

1차 전염원 중의 하나는 종자전염이다. 이러한 종류의 바이러스는 종자 외피와 내피에 바이러스가 존재하였다가 종자 발아 시 미세한 상처를 통하여 전염이 되는 것으로 여겨지고 있다. 종자에 바이러스가 있다고 하여 반드시 종자전염이 되는 것은 아니다. 다시 말하면 종자에 바이러스가 존재할 경우 이 종자를 오염종자라고 표현해야 한다. 이 오염종자로부터 발아하여 식물체에 바이러스가 감염되면 종자전염이라고 한다.

1999년 문제가 되었던 쥬키니 종자에서 쥬키니녹반모자이크바이러스의 종자 오염률은 7.5%였고, 이들 종자로부터 발아한 유묘 검정에서는 1.3%였다. 종자 전염에 의한 병 증상은 정식 후 25일부터 발현되기 시작하며, 발현은 재배시기에 온도가 높을수록 빨리 나타나는 경향이 있다.

○ 토양전염

전작기에 이 바이러스병에 감염된 뿌리 등 잔재물이 토양 내에 존재하였다가 새로 심은 어린 묘 뿌리의 상처 부위로 바이러스가 감염되어 1차 전염원으로 역할을 한다. 재배지역 토양에서 실질적인 토양 전염은 높은 수준은 아니지만 몇몇 발병 식물체로부터 전체의 재배 포장을 감염시킬 수 있다. 1차 토양전염에 의한 증상 발현은 종자전염에 의한 발현보다 약간 늦게 나타나는 경향이 있다. 전년도 바이러스병이 발생된 쥬키니 재배지역에서 토양전염에 의한 재발생은 정식 후 50일경에 약 3.0% 발생되었다. 쥬키니녹반모자이크바이러스에 오염된 토양에 벼를 재배한 후 쥬키니를 재배한 농가 전체에서 토양전염이 확인되었다<표 4-3>.

<표 4-3> 쥬키니녹반모자이크바이러스병이 발생한 토양에서 재발생

작부체계	조사 농가 수	발병 농가 수(%)
쥬키니-벼-쥬키니	37	37 (100)
쥬키니-애호박-쥬키니	4	4 (100)

바이러스에 오염된 토양을 밭 상태로 유지할 경우 18개월 후에는 이 바이러스의 병원성이 없어졌지만, 논 상태에서는 24개월 이후에도 전염 능력이 존재한다.

○ 즙액전염

이 바이러스는 앞에서 언급한 바와 같이 물리적으로 안정화되어 있고 감염 식물체내에 높은 농도로 바이러스가 존재하고 있기 때문에 용이하게 즙액전염이 된다. 종자전염 및 토양전염된 1차 전염원 식물체로부터 과실 수확 등 관리 작업 시 손이나 작업도구에 발병주의 즙액이 묻어 있으면 근접 식물체 작업 시에 전염이 된다. 과실 수확 등 계속적인 작업을 실시하는 경우에는 바이러스에 감염된 식물체로부터 작업 방향으로 일정하게 확산되는 경향을 보이는데 이는 작업자가 바이러스를 전파한 것이다. 이 바이러스는 진딧물로 전염이 이루어지지 않기 때문이다.

	→ 작업 방향
발병초기	○★○○○○○○○○○○○○○○○○○○○○○○○○○○○○○
발병중기	○★●●●○○●○●●●○○○●○●●○○○○○○○○○○○○○
발병후기	●★●●●●●●●●●●●●●●●●●●●●●●●●●○○○○○○

<그림 4-23> 바이러스병의 확산 모식도(★ 첫 발병주, ● 발병주, ○ 건전주)

다. 방제대책

(1) 진딧물 전염 바이러스

진딧물로 전염되는 호박황화모자이크바이러스, 수박모자이크바이러스 및 오이모자이크바이러스의 발생을 예방하기 위해서는 철저히 진딧물을 방제해야 한다는 것은 아무리 강조해도 지나치지 않다. 우선 묘판 관리가 중요하다. 종자 파종상 설치 전에는 주변의 잡초제거 등 청결을 유지한 상태가 되어야 한다. 육묘상에서는 23메쉬 한냉사를 설치하여 유시 진딧물이 외부에서 날아오는 것을 철저히 차단하고 주기적으로 진딧물 약제를 살포하여야 한다. 이것은 육묘상에서 바이러스가 감염되었을 경우 1차 전염원의 역할을 하여 재배 포장에서 병 확산의 주요 요인으로 작용하기 때문이다. 특히 8~9월 육묘 시에는 반드시 한냉사를 설치하여 묘를 기르는 것이 진딧물의 침입을 사전에 차단할수 있다. 이 시기는 고온이므로 차광망 또는 강제 환풍기 등을 설치하여 온도를 저하시켜야 한다.

묘를 심은 후 재배 관리도 진딧물 방제를 철저히 하는 것이 이들 바이러스병을 예방할 수 있는 방법이다. 발생 초기에 병든 식물체는 철저히 제거되어야 하며, 진딧물 약제를 살포해야 한다. 농약 살포 시 진딧물에 약제 내성이 생기지 않도록 다른 계통의 약제를 교차 살포하는 것이 효과적이다. 또한 하우스 재배 시 측창과 출입구는 방충망을 설치하여 날개가 달린 진딧물이 바깥에서부터 날아오는 것을 막아야 한다. 이러한 방충망을 설치한 하우스도 이미 유입된 진딧물은 철저히 방제해야 한다. 또한 방충망을 설치하지 않은 하우스에서는 바람이 불어오는 방향의 측창을 닫는 것이 진딧물 유입을 최소화할 수 있는 한 가지 방법이기도 하다. 겨울철과 봄에 주로 수확하는 작형에서는 하우스 가온 전에 철저한 발병주 제거와 진딧물 방제는 필수적이다. 이 시기에 예방대책을 수행하지 않으면 한 해의 재배를 망칠 수가 있다.

(2) 쥬키니녹반모자이크바이러스

한 해의 농사는 종자로부터 시작된다는 말은 아무리 강조하여도 지나치지 않다. 쥬키니호박에 발생하였던 바이러스병은 종자로부터 비롯되었다. 건전한 종자를 채종할 수 있는 채종지역 선정과 채종 지역에서 지속적인 관찰로 무병종자의 채종 이 무엇보다 기본이 되어야 하며 이것이 종자전염을 막을 수 있는 최우선의 방책 이다. 채종 시에는 바이러스에 감염된 식물체로부터 채종을 금하여야 하고 이병물이 혼입되지 않도록 주의해야 한다.

종자 소독은 몇 단계를 거쳐 73℃에서 3일간 열처리로 바이러스를 비교적 불활성화할 수 있지만 일반 재배농가에서 실시하기에는 종자발아 및 묘 소질 등의 문제가 있다. 따라서 종자 구입 시 열처리 소독을 실시하였다고 표기된 종자를 구입하는 것이 좋다.

종자 파종 시 상토는 발병되었던 토양의 사용은 절대로 금하여야 한다. 소독된 판매용 상토 또는 경작되지 않은 토양을 이용하여야 한다. 또한 발병된 밭에서 사용한 도구 등은 비눗물 및 바이러스 억제물질 등으로 깨끗이 세척한 후 사용하는 것이 바람직하다. 일단 바이러스병이 발병된 토양에 2∼3년간 박과작물 이외의 다른 작물로 대체하는 것이 바람직하지만, 현실적으로는 많은 어려움이 있다. 이 바이러스에 감염된 토양에서는 박과작물의 연작을 회피하고 윤작

작물은 지역 특성에 맞는 작물을 선택하는 것이 좋다.

이들 바이러스병이 발병한 밭의 토양 관리는 논 상태보다는 밭 상태로 유지하는 것이 이 바이러스의 불활성을 촉진시킨다. 일본에서는 메칠브로마이드로 토양소독에 효과가 있다고 하였지만, 지금 이 약제는 국제적으로 사용이 금지되고 있다. 바이러스가 다발생한 밭의 토양관리는 호박 잔재물을 철저히 제거 후, 소석회 200kg/10a를 골고루 뿌리고 로타리를 쳐서 약간의 습윤 상태를 유지하여 전작기 잔재물의 부패를 촉진하는 것이 토양전염을 최소화할 수 있다. 발병되었던 토양에 묘 정식 시에는 가능한 한 뿌리를 포함하여 식물체에 상처가 생기지 않도록 주의가 요구된다. 이들 유형의 바이러스는 정식 시 뿌리의 미세한 상처를 통해 전염될 가능성이 높다. 이 바이러스와 유사한 오이녹반모자이크바이러스의 토양전염을 저지하기 위하여 정식 시에 10% 탈지 분유액에 묘의 근권 부위를 포함한 지제부까지 잠깐 침지하여 정식하면 바이러스의 토양전염을 억제하는데 효과가 있다. 근권부위에 이병 잔재물을 매몰 후 인위적으로 뿌리에 상처내고 정식하였을 때에는 무처리보다 2배 이상의 발병률을 나타냈다. 또한 쥬키니녹반모자이크바이러스에 감염된 이병엽을 정식 부위에 넣은 후 위와 동일한 방법으로 탈지분유액을 처리했을 때는 바이러스 감염 억제효과가 84%였다. 이 탈지분유액의 역할은 정식할 묘 뿌리의 미세한 상처부위 또는 바이러스 입자의 주변을 코팅하여 바이러스의 전염을 차단한다.

바이러스가 오염된 토양에 묘 정식 후 25일경부터 병징이 발현되기 시작한다. 병징의 발현 시기는 온도가 높으면 더욱 빨리 발현되는 경향이 있다. 과실 수확 전 또는 생육관리 중에 이들 작물의 상엽을 자세히 관찰한 후, 작은 반점 또는 바이러스병으로 의심되는 포기는 식별이 가능한 막대 등을 이용하여 표시하여 이 식물체를 제외하고 작업을 우선 실시하여야 한다. 작업한 하우스에서 작업 완료 후 옆 하우스로 작업 이동 전에 손과 작업도구를 비눗물 또는 탈지분유액으로 세척하여야 한다. 이를 위하여 하우스 출입구에 1.5L 플라스틱 음료수 병에 비눗물 또는 10% 탈지분유액 등을 배치하는 것이 편리하다.

발병주로 의심되어 표시된 작물에 대해선 정확하게 바이러스병의 감염 여부를 전문가에 신속하게 진단을 의뢰해야 한다. 바이러스병으로 판명될 경우 감염 식물체가 건전 식물체와 접촉 전, 생육 초기단계에서는 발병주는 물론 인접한 2~3주를 일괄 제거하고 소각 또는 재배지역 이외 지역에 매몰하여야 한다. 작업 중에 발병주와 접촉하였거나 또는 발병주 제거 작업 후에는 반드시 비눗물 또는 탈지분유액 등으로 작업 도구 및 손을 세척하고 다른 작업을 실시하는 것을 습관화하고 실천하는 것이 이 병의 피해를 최소화할 수 있는 방법이다. 또 발병 식물체에 대한 작업 종료 후 작업도구 및 장갑 등은 반드시 비눗물에 철저히 세척 또는 끓는 물에 10분간 열소독한 후 사용하는 것을 잊어서는 안 된다.

03 주요 발생 해충 및 방제방법

호박재배지 해충 발생

시설재배지는 작업 및 환기 시 시설 내로 해충이 유입될 수 있으며 일단 1~2 마리라도 유입되면 해충의 발육조건이 좋으므로 밀도 형성이 용이해져 피해 가 발생하게 된다. 노지재배에서는 태풍, 강우, 천적 등의 요인에 의하여 밀도 억제가 가능하지만 시설 내에서는 밀도 저지 요인이 적어 해충 밀도는 쉽게 높 아지게 되고 피해 역시 커지게 된다. 호박 등 박과류 재배지에서 주로 발생하 는 미소해충으로는 응애, 진딧물, 온실가루이, 총채벌레 등이 있고 기타 목화 바둑명나방, 담배거세미나방, 파밤나방 등 나방류와 일부 숙과 호박재배지를 중심으로 호박과실파리 등이 발생하여 문제를 야기하고 있다.

주요 해충 피해증상 및 방제방법

가. 총채벌레

(1) 증상 및 특징

박과류에 발생하여 문제가 되는 총채벌레는 꽃노랑총채벌레와 오이총채벌레 등이 있다. 총채벌레 성충은 식물의 조직에 알을 낳고 약충으로 부화하고 번데 기는 일정 기간 토양 속에서 번데기로 있다가 성충이 된다. 성충은 멀리 날지 는 못하고 팔딱팔딱 뛰면서 빠르게 이동하는 것이 특징이다. 피해증상은 잎에 서 발생 시 황갈색 반점이 나타나 생육에 따라 커져 노균병 증상과 유사하고 과실은 표면이 코르크화되면서 어린 과실에 피해를 받으면 곡과가 된다. 시설 내에서는 18℃ 이상에서 발생률이 높으나 노지에서는 월동하지 못하는 것으로 알려져 있다.

<그림 4-24> 총채벌레 피해잎의 증상   <그림 4-25> 꽃노랑총채벌레

(2) 방제방법

육묘기에는 토양입제를 살포하고 망사를 씌워 침입을 방지한다. 수확 시에는 잡초를 철저히 제거하고 작물 재배 전에 토양살충제를 전면에 살포한 후 재배한다. 총채벌레는 크기가 1mm 내외로 아주 작아 발견하기 어렵다. 따라서 흰 종이를 밑에다 대고 식물체를 손으로 직접 털어보거나 흰색이나 노란색의 끈끈이 트랩을 천장이나 지주대에 설치하여 주기적으로 발생을 확인한다. 발생이 확인되면 발생 초기에 7~10일 간격으로 등록된 다른 계통의 약제를 2~3회 연속하여 방제한다. 총채벌레는 약제에 대해 내성이 쉽게 나타나므로 약제를 번갈아가며 살포한다. 재배기간 중에는 총채벌레의 유입을 막기 위해 망사로 창문이나 출입구를 막아주고 피해를 많이 입은 잎이나 꽃은 수거하여 땅에 묻거나 태운다.

나. 점박이응애

(1) 증상 및 특징

피해 부위에는 백색의 작은 반점이 남으며, 초기에는 연녹색으로 변색되나 점차 피해가 심해지면 황색~갈색으로 변하여 낙엽이 진다. 주로 잎 뒷면에 발생하여 흡즙하므로 뒷면이 지저분해지고 흰 가루 모양의 탈피각과 움직이는 응애를 볼 수 있다. 온실에서는 연중 발생한다. 피해 초기에는 주로 잎 뒷면에서 가해하여 잎을 황화시키다 밀도가 높아지면 신초는 물론 꽃까지 올라와 피해를 주며 거미줄 모양의 줄을 치고 집단으로 가해하며 이동한다. 추운 지방에서는 연 9회, 따뜻한 지방에서는 10~11회 정도 발생한다. 한 세대 기간이 짧아 방제를 소홀히 하면 단기간에 대발생하여 피해의 진전이 빠르다. 고온건조한 조건에서 발생이 많다.

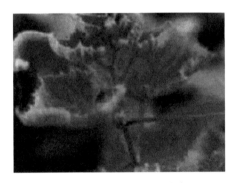
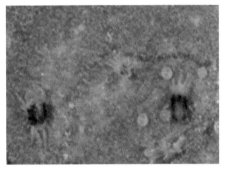

<그림 4-26> 점박이응애 피해   <그림 4-27> 점박이응애 어른벌레와 알

(2) 방제방법

약제에 대한 알, 약충, 성충의 반응이 각기 다르며 약제를 살포하여도 잎 뒷면까지 약이 충분히 닿기 힘들기 때문에 알이 살아남거나 아래쪽 잎에 있던 응애가 증식하여 다시 밀도가 회복되는 경우가 많다. 비슷한 약제를 계속 사용함에 따라 저항성이 생겨 방제가 어려운 경우도 많다. 잡초와 아래쪽 잎을 제거하여 응애의 잠복처를 없애고 계통이 다른 약제를 번갈아 살포하는 것이 좋다.

다. 온실가루이

(1) 증상 및 특징

박과류에서 약충과 성충이 모두 진딧물과 같이 잎의 뒷면에서 즙액을 흡입하여 생장을 저하시키고 있다. 피해 잎은 위조, 퇴색 등 직접적인 피해뿐만 아니라 배설물인 감로에 의해 그을음 병을 유발하여 상품성이 크게 저하된다. 또한 바이러스를 매개하여 간접적인 피해도 발생되고 있다.

  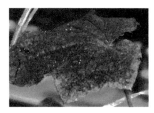

<그림 4-28> 온실가루이　　　<그림 4-29> 성충온실가루이 번데기　　　<그림 4-30> 그을음 피해

(2) 방제방법

성충은 박과작물의 등록된 적용가능 약제를 이용하여 적절한 희석농도를 준수하여 살포하여 방제한다. 한편 친환경 재배의 경우 온실가루이 천적인 온실가루이좀벌(Encarsia formosa) 등을 이용하여 방제하기도 한다.

라. 아메리카잎굴파리

(1) 증상 및 특징

알에서 부화한 애벌레가 잎 조직 내에서 꾸불꾸불한 굴을 파고 다니면서 가해하다가 자라게 되면 잎의 표피를 뚫고 나와 잎 위나 토양 위에서 번데기가 된다. 어른벌레는 산란관으로 구멍을 뚫고 흡즙하여 피해를 주기 때문에 잎 표면에 흰색의 줄무늬와 작은 반점들이 많이 생긴다.

<그림 4-31> 아메리카잎굴파리 성충

<그림 4-32> 아메리카잎굴파리 피해

(2) 방제방법

시설재배 시에는 창문이나 출입구 등에 한랭사(모기장)를 설치하여 성충의 침입을 차단한다. 묘상에서는 황색 유인 끈끈이를 설치해주면 밀도를 줄일 수 있고 피해를 입은 묘는 정식하지 않도록 한다. 재배기간 중에 발생하는 경우에는 굴파리용 전문약제를 이용하여 5~7일 간격으로 2~3회 연속 살포하여 방제해야 한다.

마. 목화진딧물

(1) 증상 및 특징

작물의 피해에는 흡즙에 의한 탈색, 왜소 등의 직접적인 피해와 바이러스를 매개하는 간접적인 피해가 있다. 진딧물이 배설한 감로는 동화작용을 억제할 뿐만 아니라 그을음 병을 유발하여 상품성을 저하시킨다.

| <그림 4-33> 목화진딧물 발생 | <그림 4-34> 목화진딧물에 의한 감로 피해 |

(2) 방제방법

수시예찰을 통하여 발생 초기부터 적극적으로 방제하는 것이 중요하다. 방제
약제 살포는 저항성 발달을 억제하기 위해 계통이 다른 약제를 번갈아 살포하
여 방제하는 것이 바람직하다. 잎의 뒷면에 서식하므로 약제 살포 시에는 뒷면
까지 약제가 골고루 묻도록 살포하고 약제를 진하게 타서 살포하면 약해 발생
이 높으므로 주의하여야 한다. 수확 직전에는 약제 살포를 금하고 반드시 안전
사용기준을 준수하여야 한다.

바. 호박과실파리

(1) 증상 및 특징

호박과실파리는 파리목, 과실 파리과에 속하는 해충으로서, 1933년 일본의 시라
키에 의해 최초로 보고되었으며, 세계적으로 일본, 대만, 한국 등에 분포하고 있
다. 우리나라에서는 1974년에 전라남도 광양군 백양산에서 처음으로 채집 기록
된 후 완도군 보길도, 자개도와 강원도 설악산에서 채집 기록된 바 있다. 우리나
라에서의 호박과실파리 피해는 오래전부터 발생하였던 것으로 추측되나 조사
가 되어 있지 않은 실정이며, 1990년 전남 곡성지방의 산간 고랭지에서 억제 재
배한 수박에 피해가 나타나 문제시된 바 있다. 전 세계적으로 과실파리류는 검역
대상 해충으로 지정되어 있어 호박과실파리 역시 박과류 수출과 관련하여 주목
해야 할 해충이다.

성충의 몸길이는 10mm 정도이고, 날개 길이는 9mm 정도인 대형 과일파리로서 몸은 전체적으로 담황색을 띠며, 가운데 가슴의 등쪽은 황갈색으로 3개의 황색 세로줄무늬가 있고, 날개는 전연부위와 날개 뒷부분의 시맥 주위가 갈색을 띠는 것이 특징이다. 유충은 어릴 때는 백색이나 자라면서 황색을 띠며, 다 자란 유충은 길이가 11~13mm 정도의 구더기가 된다. 유충은 몸을 수축하였다가 도약하는 습성을 가지고 있다. 번데기는 갈색으로서 크기는 7~8mm 정도이다.

 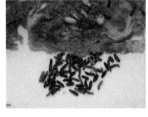 

<그림 4-35> 호박과실파리 성충   <그림 4-36> 호박과실파리 번데기   <그림 4-37> 산란 중인 호박과실파리

호박(화초호박, 단호박), 조롱박, 수박, 참외 등에서 발견되었다는 보고가 있으며, 호박의 경우는 전국 각지에서 피해가 확인되었다. 일본에서 확인된 호박과실파리 기주식물로는 호박, 조롱박, 참외, 수박, 오이, 수세미, 토마토 등으로 거의 모든 박과류 과실과 토마토가 기주식물로 보고되어 있다. 기주별 피해정도는 전국에 걸쳐 울타리, 논두렁, 밭두렁 및 도로변에서 재배하는 덩굴호박에 피해가 가장 많았으며, 일부 발생이 심한 지역에서는 7월 하순 이후에 결실되는 호박은 대부분 성숙하기 전에 떨어지기 때문에 늙은호박을 수확하지 못하는 지역이 많았다.

호박과실파리는 1년에 1회 발생하며, 성충은 7월부터 9월경까지 출현하여 박과류 재배포장 주위의 잡초 등에 서식하고 있다가 산란시기가 되면 기주식물로 비래하여 산란관으로 어린 과실의 표피를 뚫고 과실 속에 산란한다. 난기간은 10일 내외로 알에서 깨어난 유충은 과실 내부를 가해하는데 다수의 유충이 식해하면 과실이 성숙하기 전에 떨어져 부패한다. 유충기간은 약 1개월로 3령이 되면 과실에서 탈출하여 땅속 5~10cm 깊이로 파고 들어가 1주일 이내에

번데기가 되어 월동한다. 수확한 늙은호박에서는 유충으로 월동하는 경우도 있다.

유충이 과일 내부를 가해하여 피해를 주며, 피해를 받은 과일은 성숙하기 전에 부패하여 떨어진다. 주로 산간지대에 재배하는 늙은호박에서 피해가 많이 발생하며, 조롱박, 수박 등에서도 피해가 나타난다. 산란 부위는 과일이 자라면서 보조개 모양으로 오목하게 들어간다.

<그림 4-38> 호박과실파리 피해 과실

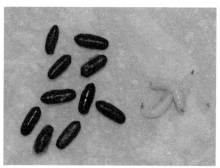
<그림 4-39> 호박과실파리 유충

1991년부터 1992년까지 2년 동안 강원도 평창 등 131개 지점을 조사한 결과, 호박과실파리의 피해가 발생된 지역은 경기도 양평군 등 30개 시·군 55개 지점 이상에서 확인되었다. 숙과호박의 경우 호박과실파리 유충이 과실당 수십 개에서 수백 개의 유충과 번데기들이 발생하는 등 피해 정도가 다양하게 나타나는 것으로 조사되었는데 과실 내에 유충밀도가 높으면 조기에 부패하는 것으로 생각된다.

(2) 방제대책

성충은 숲속에 있다가 산란 시에는 암컷만 포장으로 날아와 산란하고, 유충이 과일 속에서 과육을 갉아먹으므로 약제에 의한 방제가 곤란하다. 호박과실파리 월동번데기가 우화하는 5월 중하순경 토양 살충 입체 등을 이용하여 경운하면 과실파리 초기 발생 밀도를 떨어뜨릴 수 있으나 집단 재배지의 경우 주변 재배농가 전체를 같이 방제하여야 효과를 볼 수 있을 것으로 여겨진다. 과실 수정이 이루어진 직후 유과기에 성충이 과일에 산란하는 것을 방지하기 위해선 어린 과일에 봉지 씌우기를 하면 피해 과실을 줄일 수 있다. 성충을 유인해서 죽이는 유인살충제나 산란 기피제 등의 이용이 필요하나 아직까지 국내에는 효과적인 유인제나 기피제가 없는 실정이다. 그러므로 피해가 심한 지역의 경우 조기 재배를 통하여 호박과실파리 산란이 주로 이루어지는 7월 중하순~8월 이전에 과실을 경과시켜 되도록 일찍 수확하고 산간 고랭지에서의 수박 억제재배를 피한다.

<그림 4-40> 봉지 씌우기를 이용한 물리적 방제

호박

부록
단호박 재배기술

01 일반현황

재배내력

단호박은 서양종 호박으로 덩굴성이며, 전분함량이 높아 완숙한 과실을 쪄서 이용한다. 서양종 호박의 원산지는 페루, 볼리비아, 칠레 등 남미 고랭지의 건조지대가 원산지로 알려져 있다. 이웃 일본에서는 1863년에 미국으로부터 도입하여 홋카이도 등 서늘한 곳에서 재배했고, 밤호박이라는 이름으로 불렸다. 우리나라에는 1920년대 이후 서양종 호박인 단호박이 도입되었는데, 일제강점기엔 주로 왜호박으로 호칭되어 이용되었으며, 그로 인해 우리나라에서는 단호박의 이용이 많지 않았다.

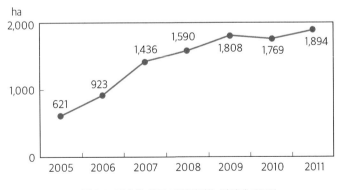

<그림 5-1> 단호박 연도 재배면적(농업전망, 2016)

국내 재배동향

우리나라의 단호박 재배는 1985년경부터 제주도와 전남 해남 일부 지역에서 일본으로 수출을 하면서 시작되었다. 현재는 경기도 연천과 화성, 경북 안동, 경남 합천, 전북 순창, 전남 진도 및 신안, 제주 등을 중심으로 재배가 많이 이루어지고 있다. 2002년 재배면적은 423ha로 이전에 비해 급격하게 증가되었으나, 2003년에는 375ha로 약간 감소하였고 웰빙 채소의 인기로 인해 2008년에는 1589.9ha로 급격히 증가하였고, 2011년 1894ha로 단호박 재배 면적은 꾸준히 증가하였다. 2008년도의 경우 지역별로는 제주도와 강원도가 단호박 재배면적이 넓은 것으로 나타났다.

\<표 5-1\> 단호박 지역별 재배현황(2008년)

지역	재배면적 (ha)	농가 수 (호수)	주요 재배품종	주요 재배시기		
				파종	정식	수확
계	1,590	2918	-	-		
경기	112.5	215	에비스 등	연중		연중
강원	289.4	293	구루지망, 보짱, 아지지망 등	4~5월	5월	8~10월
충북	60.9	64	에비스, 구루지망 등	4월 상	5월 중	7~9월
충남	108.6	344	에비스, 단비스 등	2~3월, 7월	4~5월, 8월	6~11월
전북	144.7	311	아지지망, 구리지망 등	2월, 7월	3월, 8월	7월, 11월
전남	267.7	636	구리지망 등 7종	1~7월	4월~8월	6~10월
경북	163.5	429	에비스, 구리지망 등	2~4월	3~5월	7~10월
경남	64.1	304	에비스 등	3월	4월	7월
울산	1.5	1	아지지망	3월	4월	7~8월
제주	377	321	에비스	1~2월	2~3월	6~8월

* 농식품부, 2009

수출입 동향 및 문제점

국내에서 생산된 단호박은 연도에 따라 차이가 있으나 매년 300t 정도가 일본에 수출되고 있다. 단호박 수입량은 2004년 7,855t에서 2012년에는 25,429t으로 매년 크게 증가하였다. 이것은 단호박의 내수 소비가 확대되어 가공용 및 가정에서 소비가 늘어나는 것을 보여주고 있다.

일본의 경우 16,000~18,000ha 정도가 재배되고 있는데, 생산량의 37% 정도인 13만~15만t 정도를 매년 수입에 의존하고 있다. 일본 최대산지인 홋카이도산은 8~12월 사이에 출하되고 있으며 이바라키, 가나가와 등 중부 지역산을 위주로 6~8월 사이에 집중 출하되고 있다. 12월과 5~7월은 일본 최서·남단의 가고시마산이 출하되고 있으나 12월부터 5월까지의 물량이 부족하여 수입에 의존하고 있다. 수입국은 뉴질랜드, 멕시코 등으로 연간 80% 정도를 차지하고 있는데, 이들 지역은 원거리임에도 불구하고 기후조건의 차이로 인하여 물량공급이 용이하기 때문이다.

한국산의 경우 일본 전체 수입액의 0.2% 정도로 아주 미미한 수준이며, 주 수출시기가 일본산 출하기인 7~8월과 겹쳐 수출가격 하락의 원인이 되고 있고, 수출기간이 2개월 정도로 짧아 일본에서의 시장 평가가 제대로 이루어지지 않고 있는 실정이다.

<표 5-2> 단호박 수출 및 수입량과 재배면적 추이

구 분		2004	2005	2006	2007	2008	2009	2010	2011	2012
수출	수량(톤)	343	311	308	224	141	387	422	825	1,236
	금액(천$)	500	570	747	886	277	318	342	1,055	1,451
수입	수량(톤)	7,855	9,418	14,152	20,227	16,413	15,612	15,665	20,345	25,429
	금액(천$)	5,295	5,950	10,722	14,590	12,605	9,834	13,219	17,050	20,679
재배면적(ha)		375	621	923	1,436	1,590	1,808	1,769	1,894	-

* 농수산식품수출지원정보

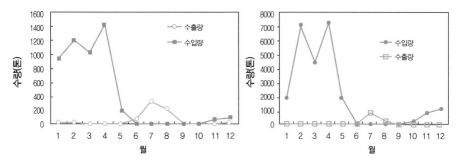

<그림 5-2> 2003년(좌)과 2012년(우) 단호박 월별 수출 및 수입량

수출용 단호박의 문제점은 뉴질랜드산과 일본산에 비해 품질이 떨어진다는 것이다. 대부분 노지재배가 이루어지므로 일소과 발생은 물론 미착색 부위(과실이 지면에 닿게 됨으로써 착색이 되지 않는 부분) 발생, 과면 오점과 등 외관상 품질이 저하되는 것은 물론 생산량 증대를 위한 밀식재배로 당도가 낮다. 또한 봄에 파종하여 여름철에 생산되는 작형이 주를 이루고 있어 홍수출하로 인해 가격이 하락하고 수출 시에도 제값을 받지 못하는 원인이 되고 있다. 최근엔 품질을 향상시키기 위해 하우스 재배 및 덕재배 기술이 보급·확대되고 있어 단호박의 외관상 품질은 향상되고 있는 중이다.

<표 5-3> 단호박 일본 수입 시기 및 품질비교

수입국(비율)	수입시기	주 품종	비 고
한국(0.2%)	6~8월	에비스, 미야꼬 등	일본산과 경합으로 단가하락, 미숙과 혼입, 당도 및 외관상 품질 저하
뉴질랜드(69.3%)	2~5월	에비스, 구리지망	품질양호, 일본시장 독점
멕시코(17.2%)	12~1월	아지헤이, 구리지망	물량 및 품질 안정
통가(9.6%)	11~12월	에비스	뉴질랜드산과 품질 동일

* 농산물 유통공사 , 2002

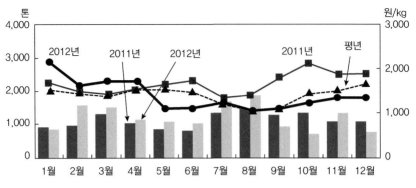

<그림 5-3> 단호박의 월별 반입물량 및 가격동향
(서울가락도매시장, 세로막대는 반입량, 꺾은선형은 실질가격)

최근 가락동시장 단호박 가격 동향을 살펴보면 연차별로는 2011년의 8월 이후부터 가격이 높았던 것을 제외하면 연차 간에 큰 차이 없이 비슷하게 유지되고 있다. 월별로는 생산이 많이 되는 7~8월은 전반적으로 가격이 낮고, 수입이 시작되기 전인 11~12월과 수입이 끝나는 5월부터 6월 중순경까지가 높게 거래되고 있다.

식품적 가치

단호박은 일반 애호박에 비하여 영양가가 높다. 당질 함량도 애호박에 비하여 높은 편이며, 밤처럼 타박한 맛이 강하여 식미가 좋다. 특히 단호박에 많이 들어있는 β-카로틴은 우리 몸속에서 비타민 A의 효력을 나타내는데 항암효과는 물론 감기예방과 피부미용, 변비예방 등에 효험이 있는 것으로 알려져 있다. 또한 단호박이 가진 당분은 소화흡수가 잘 되기 때문에 위장이 약한 사람이나 산모 등 회복기의 환자에게도 좋다. 이 밖에 비타민 B1, B2, C 등이 많이 함유되어 있어 비타민의 보고라고 인식될 정도이며, 녹황색 건강채소로 각광받고 있으며 최근 국내 소비가 증가하고 있다.

<표 5-4> 단호박 영양성분 분석표 (가식부 100g당)

구분	에너지 (kcal)	단백질 (g)	탄수화물 (g)	식이섬유 (g)	칼슘 (mg)	칼륨 (mg)	인 (mg)	비타민 A(R.E)	비타민 B1(mg)	비타민 B2(mg)	비타민 C
단호박 생것	70	1.7	18.0	4.6	4	507	37	670	0.03	0.04	21
애호박 생것	26	0.9	5.6	1.2	30	215	36	34	0.16	0.02	9

* 식품성분 분석표 제6 개정판, 농촌생활 연구소, 2001.

생리·생태적 특성 및 품종

생리·생태적 특성

단호박의 원산지는 남미 고원지대의 서늘한 기후 지역이다. 박과작물 중 저온에서도 잘 생육하여 노지 재배의 경우 다른 과채류보다 일찍 정식하게 되는데 서리에는 약하다. 또한 고온에서도 잘 견디나 한여름에는 고온에 의한 품질저하, 바이러스병, 흰가루병 등의 발생이 심하다. 일반적으로 저온신장성은 단호박이 강한 편이다. 종자 발아는 최저 15℃, 최적온도는 25~28℃, 30℃ 이상이 되면 발아억제가 된다. 생육적온은 20~25℃ 정도이며, 단호박은 평균기온이 22~23℃를 넘으면 탄수화물의 축적이 낮아진다. 35℃ 이상에서는 화아 발육에 이상이 생기며, 수정 최저온도는 10℃ 전후다.

토양 pH는 5.6~6.8 정도이며, 건조에 견디는 힘이 크고, 연작에도 잘 견딘다. 토양은 크게 가리지 않는다. 흡비력이 강한 반면 비료효과도 높다. 한편 화산 토양지대에서는 인산비료의 시용효과가 크다.

주요 품종 특성

현재 우리나라에서 주로 재배되는 품종은 에비스 계통의 품종이 대부분을 차지하며 일본에서 도입되어 재배되고 있다. 품종 선택 시에는 각 품종의 고유 특성은 물론 유통·수출 등을 고려하여 소비자 기호도가 높은 품종을 선택하도록 한다.

품종별 특성을 보면 에비스의 경우 과중 1.7~1.9kg 정도로 편원형이며 과피는 농녹색에 담녹색의 무늬가 들어있다. 과육은 농황색으로 분질이며 식미가 양호하다. 초세가 강하고, 저온신장성, 착과성, 과실의 비대성이 뛰어나 모든 작형에 적합하며 수량도 많다. 개화 후 45~50일 정도면 수확되는 품종이다. 아지헤이는 과중 1.7~1.8kg의 편원형으로, 초세가 강하고 넝쿨신장성이 좋다. 측지발생이 적어 터널 및 노지 대면적 방임재배에 적합하다. 개화 후 40~45일에 수확한다. 홋고리 에비스는 과중이 에비스보다 약간 작은 1.5~1.6kg이며, 전분축적이 빠르고 약 40~45일 정도면 완숙되는 조생종이다. 전 작형 모두 적당하나 특히 하우스터널재배 등 조기생산을 목표로 한 조숙재배 작형이나 장기 저장을 요하는 작형에 적당하다.

미야꼬는 측지 발생이 적은 생력 재배형으로 터널 또는 노지 밀식 재배에 적합하다. 과중 1.0~1.2kg 편원형으로, 과피는 흑색에 무늬가 있으며 식미가 뛰어나다. 조생종으로 파종시기는 2~6월, 개화 후 35~40일 정도면 수확가능하다. 구리지망은 과중 2kg 전후의 편원형, 농녹색 과피에 회녹색의 무늬가 있다. 과육이 두껍고 농황색이며, 육질은 약간 점질성으로 식미가 우수하고 가공용으로도 적합하다. 수확적기는 개화 후 50일 전후이다.

<표 5-5> 단호박 주요 품종 특성

품종	과중	수확적기(개화 후)	비고
에비스	1.7~1.9kg	45~50일	약조생, 각 작형 적합
아지헤이	1.7~1.8kg	40~45일	조·중생, 터널, 노지방임
아지지망	1.7~1.8kg	45~50일	하우스(11월 파종), 노지(4~5월 파종), 억제재배(8~9월 파종)
미야꼬	1.0~1.2kg	35~40일	조생종, 터널·노지 밀식재배
보우짱	500g	40~50일	하우스(11월 파종), 노지(4~5월 파종), 억제재배(8~9월 파종)
구리지망	2kg 전후	50일 전후	조·중생, 가공용으로도 적합

03 재배

재배작형

현재 우리나라의 주요 재배 작형은 <표 5-6>과 같다. 그러나 주로 봄에 정식하여 여름철에 생산하는 작형이 주를 이루고 있으며 이는 이 시기의 집중출하로 인한 가격하락과 수출 시에도 제값을 받지 못하는 원인이 되고 있다. 대부분이 노지재배이므로 그해의 기상조건에 따라 작황이 불안정하고 품질이 낮아지는 결과를 초래한다. 최근에는 제주에서의 비가림 입체재배에 의한 12월 및 5월 단경기 생산이 이루어지고 있으며, 제주 이외 지역에서도 비가림 및 덕 재배에 의해 품질이 향상되고 있다.

<표 5-6> 단호박의 재배 작형

작형	파종기	정식기	수확기
하우스, 터널조숙(난지)	1~2월	2~3월	5~6월
하우스, 반촉성 터널	3~4월	4~5월	6~7월
노지	4월	5월	7~8월
억제(난지)	7~8월	8~9월	11~12월

<그림 5-4> 하우스 조숙재배

<그림 5-5> 노지재배

<그림 5-6> 터널 조숙재배

파종 및 육묘

종자는 12cm 흑색 PE포트에 직파하거나 32공 플러그 트레이 또는 16공 연결포트 등에 파종하며 파종 후에는 충분히 관수한다. 발아까지는 지온 25~28℃로 유지하는데 저온기에는 전열선 등을 이용하여 가온하고, 젖은 신문지나 부직포 등으로 피복해 주면 4~5일이면 발아된다. 발아 후에는 야간온도 12~14℃로 낮춰 관리한다.

옮겨 심을 경우에는 파종상에 9 × 6cm 간격으로 점뿌림하고, 본엽이 전개될 무렵 12cm 포트에 이식한다. 이식 후 2~3일은 야간온도 16℃ 정도로 하여 활착을 촉진시킨다. 10a당 종자 소요량은 800주(300 × 40cm)/10a로 정식할 경우 1dL 5캔(1dL=200립) 정도가 소요된다

본엽 1.5~2장 정도 되면 야간온도를 10~13℃로 낮춰 암꽃분화를 촉진한다. 호박은 수분과 온도에 민감하므로 물은 시들지 않을 정도로 주는데, 가능한 오전 중에 주고 웃자람을 방지하기 위하여 야간에는 상토 표면에 수분이 남아있지 않도록 한다.

<그림 5-7> 본엽 발생 : 야온 10~12℃ 관리　　　<그림 5-8> 정식 1주전 묘 순화 : 야온 8℃

본엽 3장 정도가 되면 잎과 잎이 겹치게 되므로 포트 간격을 넓혀주고 광선이 잘 쪼이고 통풍이 잘 되도록 한다. 육묘 일수는 35~40일 정도로 본엽 4장 전후의 묘를 목표로 관리한다. 정식 1주일 전부터는 최저야온을 8℃ 정도로 낮춰 순화시키며 주지적심 재배를 할 경우에는 정식 2~3일 전에 본엽 4장 정도에서 적심하고 액아 발생을 촉진시킨다.

구분	억제재배	촉성 · 노지재배	반촉성 · 조숙재배
육묘 일수	20일	30~40일	45일
본엽 전개엽수	2.5엽	4~5(16*)	5.5엽

* 화아분화 마디 수

포장 준비 및 정식

본포는 정식 15~20일 전까지는 밑거름을 시용하고 이랑을 만들며, 멀칭을 하여 지온을 확보하도록 한다. 시비량은 지력이나 전작물, 재식밀도, 품종 등에 따라 달라지는데 포장의 비옥도를 감안하여 시비하도록 한다. 대체로 총 시비량은 10a당 성분량으로 질소 15kg, 인산 18kg, 칼리 15kg 정도로 하고, 기비로서는 인산을 제외하고는 2/3를 시용하고 나머지는 추비로 시용한다<표 5-8>. 단 호박은 흡비력이 왕성한 작물이므로 비료를 너무 많이 주지 않도록 주의한다. 비료가 많게 되면 잎이 커지고 줄기도 두꺼워지는 등 영양생장형 생육이 되어 착과가 잘 되지 않고 병 발생도 빠르다. 완숙퇴비는 10a당 2t 정도로 충분히 시용한다. 초기 생육은 1번과의 비대뿐 아니라, 2번과의 착과에도 영향을 미치므로 퇴비 등을 충분히 시용하여 뿌리 뻗음을 좋게 해야 한다.

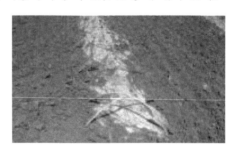

<그림 5-9> 정식 전 멀칭으로 지온 확보

<그림 5-10> 정식 후 환기 철저

<그림 5-11> 터널 밀폐기간이 길지 않도록 함

<그림 5-12> 잡초방제를 위한 멀칭

비료명	시비량(성분량)	비료량	밑거름	추비
퇴비	3,000	3,000	3,000	-
질소(요소)	15	32.6	21.7	10.9
인산(용인)	18	90.0	90.0	-
칼리(염화가리)	15	25.0	16.7	8.3
석회	100	100	100	-

재식거리는 이랑 폭 2.5~3m 정도 하는데, 2~3줄기 재배의 경우, 주간 50~90cm 정도로 10a당 400~800포기 전후로 정식하며, 1줄기 재배의 경우 주간 60cm 정도로 하여 10a당 600주 정도를 기본으로 한다.

정식은 늦서리의 염려가 없고 정식포장의 지온이 15℃ 이상 된 후에 하도록 한다. 이보다 빨리 정식할 경우에는 비닐터널 등으로 지온이나 기온을 확보하지 않으면 안 되며, 무리한 조기 정식은 오히려 생육을 지연시키므로 주의한다.

정식은 맑은 날을 택하고 포트의 흙이 부스러지지 않도록 심는데 지온상승을 고려하여 가능한 한 오전 중에 마치도록 한다. 정식기를 전후해서 암꽃이 분화하므로, 정식 시 상처가 나거나 마를 경우 장래의 암꽃 착생에 영향을 주므로 주의한다.

정식 요령은 포트의 1/3 정도가 지면에 노출되도록 얕게 심도록 하며, 또한 포기 주위로 멀칭 내의 열풍이 나오지 않도록 흙으로 잘 덮도록 한다.

정식 후에는 비닐터널을 피복하고 밀폐하여 지온을 20℃ 이상 올려 초기 생육을 촉진시킨다. 활착이 된 이후에는 30~32℃ 이상 되지 않도록 관리하는데, 너무 장기간 고온에 처할 경우 1번과의 낙과는 물론 이후의 과실비대에 나쁜 영향을 미치게 되므로 환기를 철저히 한다. 피복비닐은 외기온이 높아짐에 따라 서서히 벗기며 외기온 최저 11℃ 이상이 되면 완전히 제거한다. 또한 노지 재배의 경우 잡초발생 및 고온기 지온상승 억제를 위해 멀칭을 하도록 한다.

유인 및 열매솎기

하우스 조기재배에서는 아들덩굴 2줄기 재배, 터널이나 노지재배의 경우 아들덩굴 3줄기 재배로 하며, 단기재배를 목표로 하는 억제재배에서는 어미덩굴 1줄기 재배를 기본으로 한다.

어느 정지방법에서나 암꽃의 충실과 착과를 촉진하기 위해 착과마디까지의 측지와 열매는 일찍 제거하고 나머지 측지는 초세에 따라 관리한다. 보통 10마디 전후에서 착과시키는데, 큰 과실을 목표로 할 경우에는 착과마디를 15~20마디로 높게 착과시키고, 주간거리를 넓게 하고 시비량을 많게 하여 초세를 강하게 관리한다.

가. 주지 1줄기 재배

측지 발생이 적은 품종을 이용하여 조기수확을 목표로 이용한다. 일반적으로 단호박은 주지 착과가 좋다. 터널 내에 2조식으로 엇갈리도록 심고 어미 1본을 좌우로 유인한 후, 2번과 착과마디까지의 아들은 모두 제거하며, 그 후는 방임하여 재배한다.

1줄기 2과 착과는 보통 7~8마디에서 발생되는 첫 열매는 일찍 제거해 주고, 제1번과를 10~12절에 2번과를 18~22절에 착과시키고, 1번과 이전의 손자줄기는 일찍 제거하고 1번과와 2번과 사이의 손자줄기는 세력을 보아 잎을 1~2장 남기고 제거해준다. 어미덩굴 1줄기 재배에서는 12~15마디 전후에 1번과를 착과시키며, 7~10마디를 더 키운 후 적심을 하고 착과마디 이전의 손자줄기는 일찍 제거해 주며 착과절 이후는 그대로 방임한다. 생육이 불량하거나 낮은 마디에서 착생된 과실은 작고 변형과가 되기 쉬우므로 2번과의 착생을 확인한 후 적과한다.

나. 측지재배

다수확을 위한 조숙 보통재배에 적합하다. 어미덩굴을 4~5마디에서 적심하고, 아들덩굴이 20cm 정도 자라면 생육이 좋은 아들덩굴 2~3줄기를 남겨 키운다. 아들덩굴에서 발생하는 손자줄기는 착과 마디까지는 제거하고, 그 이후는 방임한다. 줄기가 1m 정도 자라면 일소 및 병해충 방지를 위하여 짚 깔기를 한다. 1번과의 착과 위치는 10마디 전후가 적당하며, 초세가 약할 경우에는 다소 착과 마디를 높인다.

다. 주지 + 측지재배

<그림 5-13> 측지재배(2줄기 유인)

어미줄기와, 어미줄기의 4~6마디 이내의 아들줄기 1~2개를 남기고 유인한다. 이랑 중앙에 1조식으로 심고 어미줄기와 아들줄기를 각각 반대방향으로 경사지게 유인한다. 어미덩굴과 아들덩굴의 2줄기 재배에서는 어미덩굴의 4~6마디 사이에 아들덩굴을 1줄기 남기고 나머지 측지는 일찍 제거한다. 3~4줄기 유인재배에서는 어미덩굴 + 아들덩굴 2~3줄기를 키운다.

<그림 5-14> 주지(어미덩굴) 1줄기 재배

<그림 5-15> 주지+측지재배(2줄기 재배)

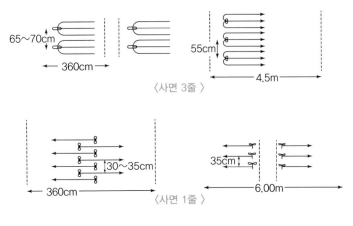

〈사면 3줄 〉

〈사면 1줄 〉

<그림 5-16> 단호박 유인 방법(예)

열매솎기도 중요한 관리 작업이다. 과실은 착과 후 20일경까지 급속히 비대하며, 이 시기에 80~85%의 비대가 완료된다. 따라서 적과시기가 늦어지면 남은 과실의 비대가 떨어지며 수량이 저하된다. 적과는 개화 후 10일 전후에 실시하며 기형과나 비대속도가 떨어지는 과실을 적과한다. 7마디 이하의 낮은 마디에서 착과되는 열매는 과실이 작거나 기형과가 되기 쉬우므로 일찍 솎아준다.

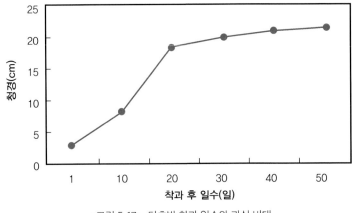

<그림 5-17> 단호박 착과 일수와 과실 비대

인공수분

<그림 5-18> 단호박 인공수분

호박의 개화 적온은 10~12℃로, 9℃ 이하 35℃ 이상에서는 화기에 이상을 초래한다. 꿀벌 등의 방화곤충에 의한 자연수분으로도 착과가 이루어지나, 기온이 낮고 방화곤충의 활동이 둔한 시기에는 확실하게 착과시키기 위해서 인공수분을 한다. 특히 1번과의 착과 시기에는 방화곤충이 없으므로 인공수분을 하도록 한다. 꽃가루는 기온상승과 함께 수정 능력이 급격히 저하되므로, 아침 8시경까지는 끝마치도록 하며 1개의 수술로 3~4개의 암꽃에 교배시킨다. 인공수분을 할 경우 1번과의 착과 위치는 초세에 따라 다르나 보통 8~10번째 마디로 한다. 또한 착과일을 확인하기 위하여 교배날짜를 표시해 두면 수확기 판정에 도움이 된다. 저온기의 생장조정제 등의 처리는 기형과를 발생시키므로 주의한다. 아들덩굴 재배에서의 1번과의 착과는 특히 중요하므로 확실하게 착과시키도록 한다.

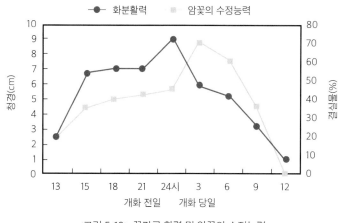

<그림 5-19> 꽃가루 활력 및 암꽃의 수정능력

적정 엽수 확보

과실 비대는 건전한 잎의 수에 따라 결정된다. 즉 과실 크기는 전체 잎의 영향을 크게 받기 때문에 적정 엽면적을 확보하는 것이 중요하다. 단호박 100g을 비대시키기 위해서는 엽면적 약 940㎠ 정도가 필요하다. 2kg의 과실을 목표로 할 경우 엽폭 38cm 크기의 잎이 16장 정도가 확보되어야 하므로 수량과 품질을 높이기 위해서는 건전한 잎이 잘 자라도록 한다.

추비

줄기와 잎의 부담이 가장 커지는 시기는 교배 후 20일간 즉 과실 비대 최성기이다. 과실비대와 함께 초세를 유지시키고 생육 후반기까지 줄기와 잎이 쇠약해지지 않도록 추비를 3~4회 시용한다. 1회 추비는 1번 꽃 개화 전, 2회 추비는 1번과 비대기(착과 후 20~25일), 3회 추비는 1번과 수확 전에 준다. 4회째 이후는 초세에 따라 실시하되 초세가 강하면 추비횟수를 줄인다. 추비량은 1회당 질소와 칼리를 성분량으로 10a당 3kg 정도로 하며 추비 위치는 덩굴 끝부분에 주도록 한다. 추비 시기를 전후해 비정상과나 낮은 마디에 착과된 과실은 열매솎기를 하여 남은 과실의 비대를 촉진한다. 비효의 급격한 변화는 낙과의 원인이 되므로 주의한다.

기타 관리

착과기의 생육 판단으로서는 덩굴 끝으로부터 암꽃 개화위치가 50~65cm 정도면 적당하다. 이보다 짧으면 초세가 약한 편이고, 반대로 70cm 이상 되면 초세가 강한 것으로 판단하여 관리한다.

포장의 수분관리는 너무 과습하면 병 발생과 초세가 무성해져 착과율이 떨어지고, 과 비대 후기에 토양이 과습하면 과일의 당도가 떨어지므로 착과 20일

후부터는 약간 건조한 상태로 수분관리를 하며 한발이 지속되면 점적관수 등으로 일정 수분을 유지시켜 주도록 관리한다. 시설 단호박 재배에서 관수 개시점을 -30kPa로 관리하면 고당도의 단호박을 수확할 수 있다.

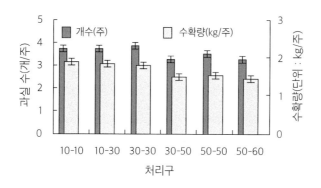

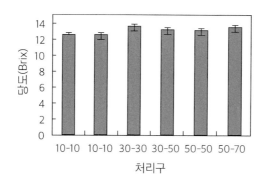

<그림 5-20> 관수 처리 조건에 따른 수확량과 당도

착과 후 한 달 후에 반투명의 호박 받침대를 깔아주고, 수확 2주일 전쯤에 과실 돌리기를 하면 과실의 미착색 부위를 줄일 수 있다. 받침대를 받치는 시기가 너무 이르면 과실 무게가 적어 안정감이 없고, 반대로 너무 늦으면 줄기와 잎에 의한 상처가 많고 과실이 덩굴로부터 떨어지기 쉽다. 일소 방지대책으로는 줄기 유인 시 큰 잎에 과실이 가려지도록 하며 직사광선이 닿는 과실은 볏짚 등으로 가려주도록 한다.

무처리(과면오점과 발생)　　　　　　받침대　　　　　　　유인 장치

<그림 5-21> 받침대 및 과실 매달기가 과면오점과 발생에 미치는 영향

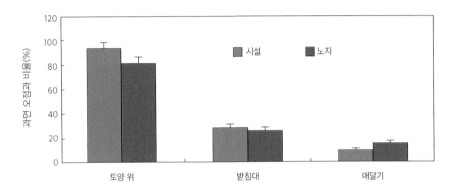

<그림 5-22> 받침대와 매달기에 따른 과면오점과 발생 비율

<그림 5-23> 호박 받침대와 과실 돌리기

04 품질 및 생산성 향상을 위한 비가림 입체재배 기술

단호박 노지재배의 경우 생산성 및 품질은 그해의 기상조건에 크게 좌우되며, 과실이 토양에 닿아 자라는 관계로 미착색과, 과면오점과 등의 발생은 물론 당도도 낮아져 품질이 떨어지는 원인이 되었다. 따라서 품질향상을 위한 비가림 재배와 생산성 향상을 위한 입체재배 기술 개발이 요구되었다.

유인방법

비가림 하우스를 이용한 입체재배에서는 L자 유인방법이 유리하다<표 5-9>. L자 유인방법은 100~120cm 정도의 이랑을 만들고, 이랑 안쪽에 조간 30~40cm로 두 줄로 심고 각각 반대편 이랑 부분까지 유인하거나, 반대편 이랑까지 유인한 후 다시 반대편 지주가 있는 곳으로 유인하여 지주에 올라가도록 유인하는 방법이 있다<그림 5-25>. 봄작형 재배의 경우 낮은 마디에서 암꽃이 맺히므로 포복 길이를 짧게 하고, 가을작형 재배에서는 암꽃이 높은 위치에 맺히므로 포복 길이를 길게 유인한다. 어느 것이나 포기나 지주 간격은 40~50cm 정도로 하며, 이랑과 이랑 사이는 120㎝ 정도로 넓게 하여 작업과 햇볕 쪼임이 좋도록 한다. 유인을 잘못하여 중간에 다시 유인을 하게 될 경우 마디에서 발생되는 부정근이 뽑히게 되고 줄기와 잎들이 넘어지게 되므로 유인은 처음부터 유인 핀 등으로 고정시켜 유인 방향을 결정하도록 한다.

지주 높이는 암꽃의 착생 위치에 따라 달라지겠으나 대체로 2m 정도면 적당하다. 높은 마디에서 암꽃 개화가 예상될 경우 줄기를 내려주거나 포복유인 거리를 길게 조절한다. 포복유인 거리는 1m 이상 유인시켜 아래 잎을 충분히 확보하는 것이 중요하다. 또한 포복유인 시 각 마디에서 발생되는 부정근을 잘 발생되게 하여 식물체의 지지 및 양·수분의 흡수 역할을 하도록 한다. 이렇게 하기 위해서는 줄기가 포복되는 부분은 멀칭하지 않도록 한다. L자 유인의 경우 2과 착과가 가능하며, 2과 착과의 경우 1과 착과보다 과일 크기가 약간 작아진다. 한편 지주를 이용하지 않고 오이재배에서 많이 이용되는 유인끈 등을 이용하여 원줄기 적심 부위에 파이프를 설치해 이곳에 유인끈을 고정하고 줄기를 유인하여도 된다.

\<표 5-9\> 단호박 입체재배 시 L자 유인방법 효과

구분	덩굴길이 (cm)	생체중 (g/주)	엽면적 (㎠)	수량성	
				수량(kg/10a)	지수(%)
L자유인	350	1,151	15,585	5,950	148
직립유인	309	898	12,844	4,010	100

* 제시, 2002

\<그림 5-24\> 마디 사이의 부정근이 뽑히지 않도록 함

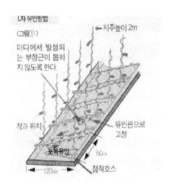
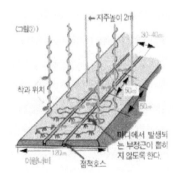

1주 1과 착과

1주 2과 착과

<그림 5-26> 단호박 입체재배

착과

<그림 5-27> 1번과 착과 위치(지면 30cm 위)

단호박 입체재배의 경우 목표하는 위치에 암꽃을 확실하게 맺게 하도록 하는 것이 중요하다. 품종이나 육묘 상태에 따라 다소 차이가 있으나 단호박의 첫 번째 암꽃은 대체로 7~9마디에서 맺히고 이후 4~5마디 건너서 암꽃이 맺히는데, 첫 번째 암꽃은 가능한 제거 하고 1번과를 11~13마디에서, 2번과는 19~21마디 정도를 목표로 하여 착과시키도록 한다. 초세가 약할 경우에는 이보다 약간 높은 마디에, 강할 경우에는 낮은 마디에 착과시킨다. 착과 위치는 지주의 아랫부분 30cm 정도에서 1번과가, 지주의 중간 정도에 2번과가 위치하도록 조절한다. 줄기는 유인끈으로 지주에 고정시켜 가고 2번과의 착과를 확인한 후 5~6마디 남기고 주지를 적심한다. 한 포기에 1과 이상을 착과 시킬

경우 비대가 양호한 높은 마디에 착과시키는 것이 좋다. 입체재배에 있어서 1번과를 착과시키지 못할 경우 초세조절이 어려우며, 2번과의 착과에도 영향을 미치므로 반드시 착과시키도록 한다. 비가림 입체재배의 경우 인공수분을 원칙으로 하며, 인공수분은 개화당일 아침 일찍 시작하여 8시경까지는 마치도록 한다.

측지 관리 및 잎 따주기

1번과 아래에서 발생된 곁줄기들은 일찍 제거해 주는 것이 초세와 착과에 유리하다. 1번과 이후의 곁줄기는 초세에 따라 잎을 1~2장 남기고 잘라주는데 한 포기에 항시 생장점이 2~3개 정도 유지 되도록 예비 곁줄기를 남기고 적심하는 것이 바람직하다. 또한 곁줄기 제거 시에는 바로 자르지 말고 곁줄기의 잎이 어느 정도 큰 상태에서 자르도록 한다. 원줄기 윗부분의 잎을 따줄 때에는 아래 잎의 수광상태를 고려하여 포기 전체에 광이 잘 들어오도록 광선투과를 방해하는 잎을 우선적으로 따준다. 원줄기 잎은 주지의 과실뿐만 아니라 곁줄기 과실의 비대에도 영향을 미치게 되므로 생육 후반기까지 건전한 잎을 유지시키도록 관리한다.
좋은 과실을 생산하기 위해선 적정 엽면적을 확보하는 것이 중요하다. 과일 1개당 16~20장 정도의 엽수를 확보하도록 한다.

증수 및 품질 향상 효과

재식주수는 10a당 노지의 포복재배 시 250 × 50cm로 할 경우 800포기가 심겨지는 반면, L자 유인재배에서는 125 × 50cm로 밀식재배를 할 수 있어 관행의 2배인 1,600포기가 심겨진다. 착과 수는 관행재배 시 주당 2과를 목표로 할 경우 10a당 1,600과가 수확되지만 L자유인의 경우 1과 착과 시에는 1,600개, 2과 착과의 경우 3,200개의 수확이 가능하다. 봄 재배에 있어서 수량은 관행 노지 포복재배에서 10a당 2,664kg이 수확된 반면, 비가림 입체 L자 유인재배

1과 착과의 경우 3,480kg, 2과 착과의 경우 5,949kg으로 관행재배에 비해 배이상의 증수효과를 가져왔다.

이러한 비가림 입체재배의 경우 노지에 비해 다소 노력은 소요되지만 생산된 과실은 노지재배 과실과는 품질 면에서 큰 차이가 있다. 노지재배의 경우 대부분의 과실이 미 착색과를 비롯하여 일소과·과면오점과가 발생한 반면, 비가림 입체재배의 경우 전혀 발생하지 않아 외관상 현저한 품질향상 효과를 가져왔다. 당도도 노지 포복재배 시에 비해 착색이 증진되는 결과를 보였으며, 당도도 노지 포복재배의 12.4브릭스에 비해 비가림재배의 경우 13.8브릭스로 내부 품질도 향상되는 결과를 보였다.

<표 5-10> 비가림 입체재배에 의한 수량성 비교

재배방법	과중(g)			당도 (Brix)	미착색 부위 (㎠/과)	수량 (kg/10a)
	1번과	2번과	평균			
노지포복유인 2과착과	2,120	1,210	1,665	12.4	24.6	2,664(100)
비가림 입체 1과착과	2,175	-	2,175	13.6	0	3,480(131)
비가림 입체 2과착과	1,838	1,880	1,895	13.8	0	5,949(225)

* 제시, 2002

난지권의 경우 무가온 비가림 하우스를 이용한 입체재배의 경우 생산시기를 확대시킬 수 있는 장점이 있다. 제주에서 무가온 하우스재배의 경우 5월 조기 생산을 위해서는 2월 하순 정식이, 12월 생산을 위해선 8월 중순 정식에서 좋은 결과를 보였다.

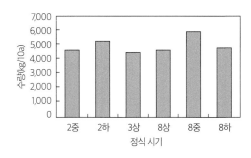
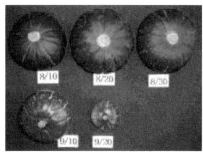

<그림 5-28> 정식 시기별 생육 및 수량 비교(제시, 2002~2003)

05 안전생산을 위한 접목재배법

단호박 재배시기에 장마 또는 가뭄, 고온으로 인하여 생육이 불량하거나 연작으로 인한 장해가 늘어나고 있는데 이를 해소하기 위해 뿌리 활력이 양호하고 토양병에 강한 품종을 이용한 접목재배법이 필요하다.

합접으로 중과종과 소과종 단호박 품종에 몇 가지 대목으로 접목재배한 결과 신토좌 호박으로 접목한 것이 단위면적당 수확량이 가장 많았다.

| 무접목 | 흑종 호박 대목 | 신토좌 대목 |

<그림 5-29> 대목의 종류에 따른 초기 생육 상황

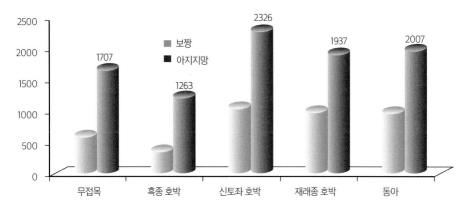

<그림 5-30> 품종 및 대목의 종류에 따른 수확량(단위 : kg/10a)

06 수확 및 수확 후 관리

수확

일반적으로 단호박은 수분 후 35일 정도부터 가식기에 도달하는데, 미숙과는 과육색이 진하지 않고 단맛도 떨어지며 품질저하가 빨라진다. 또한 미숙과 수확으로 단호박에 대한 소비자들의 신뢰도를 떨어뜨리게 되므로 반드시 완숙과를 수확하도록 한다.

수확 적기는 개화 후 45~50일경으로 과병부에 세로로 코르크화의 균열이 발생되고, 갈변되며 과피의 광택이 둔해지는 시기이다. 그러나 수확 적기는 품종이나 재배조건 등에 따라 약간 달라지므로 한두 개 잘라보고 수확하도록 하며, 표시한 교배일자를 참고해 수확하도록 한다. 특히 수출용 단호박에 있어서 과실의 숙도를 감안하지 않고 일괄적으로 수확하는데 이는 품질 저하의 원인이 되고 있다.

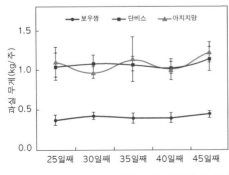
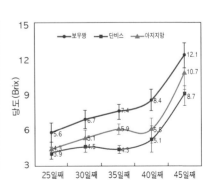

<그림 5-31> 단호박 수확 시기별 무게와 당도 변화

수확은 맑은 날에 하도록 하며, 수확 후 과병부의 유관 속을 통하여 미생물 등이 침입해 부패의 원인이 되므로 수확 시에는 예리한 칼로 과병부를 절단하는데 절단 면적을 작게 하고 매끄럽도록 잘 다듬어 유통 중 과실 간의 마찰 및 부패 등을 방지한다.

<그림 5-32> 수확 적기
(과병부가 갈색으로 균열 발생)

<그림 5-33> 수확가위 등을 이용
절단면을 매끄럽게 다듬는다

큐어링(curing) 처리

큐어링은 저장 전에 과실을 일시적으로 고온상태에 두어, 수확 시 발생된 과피의 상처에 코르크화를 형성시키거나 과병부의 건조를 촉진시켜tj, 병원균의 침입을 막아 저장 중의 부패를 방지할 목적으로 실시한다. 큐어링은 실내의 그늘진 곳에서 온도 25℃, 습도 70~80% 정도에서 실시하며, 30℃ 이상이 되지 않도록 하고 큐어링 기간을 너무 길게 하지 않도록 한다. 이러한 큐어링은 수확 시의 상처를 아물게 하고, 저장성을 향상시킬 뿐만 아니라 전분이 당도로 변하는 과정을 촉진시키므로 반드시 실시하도록 한다.

<표 5-11> 큐어링 처리에 의한 단호박 저장 중(10℃) 과실 부패방지 효과

큐어링 처리		저장 일수 및 부패율		
일 수	온도	36일	61일	91일
무처리	-	33%	50%	58%
11일 처리	20℃	17%	25%	25%
	25℃	8%	17%	17%
	30℃	8%	8%	8%
16일 처리	20℃	17%	25%	33%
	25℃	0%	17%	17%
	30℃	0%	8%	8%

저장은 수확 후 단호박의 과병부를 잘 다듬은 후 통풍이 잘되는 그늘에서 7~
10일 정도 큐어링을 한 후 저온에서 저장한다. 또한 수확 후 바로 쌓아서 큐어
링을 하지 말고 과병부의 절단면에서 일비액이 나오지 않을 때까지 어느 정도
건조시킨 후에 큐어링을 하도록 한다. 일비액은 미생물에는 좋은 영양원이 되
므로 절단면이 젖은 상태로 쌓아두는 것은 부패를 촉진한다.

<그림 5-34> 수확 건조 후 큐어링 처리와 큐어링 처리 잘못에 의한 저장 중 부패

품질 변화

단호박의 과실은 개화 후 25일째에 거의 수확 시의 크기에 달하는데, 전분 함량은 40일까지 계속 증가한다. 개화 후 25일의 과실은 크기로서는 40일의 과실에 비해 떨어지지 않으나, 전분 함량은 40일 과실의 2/3정도만 축적되어 있으므로 과실 크기만 보고 수확기를 판단할 경우 미숙과의 혼입 가능성이 있기 때문에 주의한다.

단호박의 개화 후 품질 변화를 보면 전분 함량은 서서히 증가하다, 45일 이후가 되면서 감소한다. 한편 당 함량은 30일 이후가 되면서 증가하는데, 전분 함량이 가장 높고 당으로의 변화가 시작되지 않는 시기 즉, 개화 후 40~50일 정도가 바로 수확 적기가 된다.

<그림 5-35> 단호박 미숙과 출하

수확 후 단호박의 품질 변화는 전분 함량은 점차 감소되고, 당 함량은 서서히 증가되는데 이는 전분이 당으로 변하기 때문이다. 이처럼 단호박은 후숙에 의하여 품질이 높아지므로 반드시 수확 후 일정 기간 저장 후 출하하는 것이 바람직하다.

1절   농업인 업무상 재해의 개념과 발생 현황

농업인도 산업근로자와 마찬가지로 열악한 농업노동환경에서 장기간 작업할 경우 질병과 사고를 겪을 수 있다. 산업안전보건법에 따르면, 업무상 재해는 근로자가 업무에 관계되는 건설물, 설비, 원재료, 가스, 증기, 분진 등에 의하거나 작업 또는 그 밖의 업무로 인하여 사망 또는 부상 혹은 질병에 걸리는 것을 일컫는다. 농업인의 업무상 재해는 농업노동환경에서 마주치는 인간공학적 위험요인, 분진, 가스, 진동, 소음 및 농기자재 사용으로 인한 부상, 질병, 사망 등을 일컬으며 작업준비, 작업 중, 이동 등 농업활동과 관련되어 발생하는 인적재해를 말한다.

2004년 시행된 「농림어업인의 삶의 질 향상 및 농산어촌 지역개발 촉진에 관한 특별법」에서 농업인 업무상 재해의 개념이 처음 도입되었으며, 2016년 1월부터 시행된 「농어업인 안전보험 및 안전재해 예방에 관한 법률」에서는 농업활동과 관련하여 발생한 인적재해를 농업인 안전재해라고 정의하며 이를 관리하기 위한 보험과 예방사업을 명시하였다.

국제노동기구 분류에 따르면, 농업은 전 세계적으로 건설업, 광업과 함께 가장 위험한 업종 중 하나다. 우리나라 역시 산업재해보상보험 가입 사업장을 기준으로 전체 산업 근로자와 비교하면, 농업인 재해율이 2배 이상 높은 것으로 나타났다(그림1).

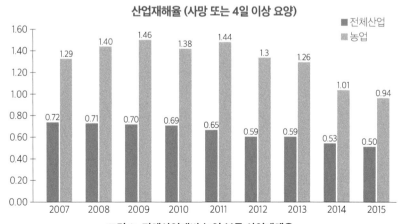

<그림 1> 전체산업대비 농업 부문 산업재해율

그러나 여성, 고령자, 소규모 사업장일수록 산업재해가 빈번하게 발생하는 경향을 고려해 볼 때 산재보상보험에 가입하지 못한 소규모 자영 농업인(농업인구의 약 98%)의 재해율은 산재보상보험에 가입된 농산업 근로자의 재해율보다 높을 것으로 추정된다.

농촌진흥청에서 2009년부터 실시하고 있는 '농업인의 업무상 질병 및 손상 조사(국가승인통계 143003호)'에 따르면 농업인의 업무상 질병 유병률은 5% 내외이며, 이 중 70~80%는 근골격계 질환으로 농업환경의 인간공학적 위험요인 개선이 시급한 것으로 나타났다. 업무상 손상은 3% 내외이며 미끄러지거나 넘어지는 전도사고가 30~40%로 전도 사고를 예방하기 위한 조치가 필요한 것으로 나타났으며 이 외의 농업인 중대 사고로는 생강굴 질식사, 양돈 분뇨장의 가스 질식사, 고온작업으로 인한 열중증으로 인한 사망사고 등이 있다. 이러한 현황을 고려해 볼 때 농업인의 업무상 재해예방과 보상, 재활 등 국가관리체계 구축 및 농업인의 안전보건관리에 대한 적극적인 참여가 시급하다.

더욱이 업무상 손상이 발생하게 되면 약 30일 이상 일을 못 한다고 응답하는 농업인이 40% 이상이며[1] 심한 경우 농업활동으로 하지 못하는 경우도 발생한다. 점차 고령화되어 가고 있는 농업노동력의 특성을 고려할 때, 건강한 농업노동력의 유지를 위해 안전한 농업노동환경을 조성하고 작업환경을 개선하기위한 농업인 산재예방 관리는 매우 중요하다. 이를 위하여 정부, 전문가, 관련단체, 농업인의 협력 및 자발적인 참여가 절실하다.

2절 농업환경 유해요인의 종류와 건강에 미치는 영향

농작업자는 각 작목특성에 따라 재배지 관리, 병해충방제, 생육관리, 수확 및 선별 등의 작업을 수행하면서 농업노동환경의 다양한 건강 유해요인에 노출된다. 노동시간 면에서도 연간 균일한 노동력을 투입하는 것이 아니라, 작목별 농번기와 농한기에 따라 특정 기간 동안에 일의 부담이 집중되는 특성이 있다. 또한 농업인력 고령화와 노동 인력 부족은 농기계, 농약 등 농기자재의 사용을 증

---

1 농업인 업무상 손상조사, 2013

가시키고 있어 농업노동의 유해요인은 더 다양해 지고 있으며, 아차사고가 중대 재해로 이어지는 경우도 늘어나고 있다.

특히, 관행적 농업활동에 익숙했던 농업인들이 노동환경 변화에 적응하고자 무리한 작업을 하게 되고, 이에 따라 작업자 건강에 영향을 미치는 유해요인에 빈번하게 노출되고 있다. 더욱이 새 위험요소에는 정보나 안전교육이 미흡하여 농업인 업무상 재해의 발생 가능성은 커지고 있다.

농촌진흥청이 연구를 통하여 보고하거나 국내외 문헌 등에서 공통으로 확인되는 농업노동환경의 주요 유해요인으로는 근골격계 질환을 발생시키는 인간공학적 위험요소, 농약, 분진, 미생물, 온열, 유해가스, 소음, 진동 등이 있다(표 1, 그림 2).

표1 작목별 농업노동 유해요인과 관련된 농업인 업무상 재해

작목 대분류	유해요인 (관련 농업인 업무상 재해)
수도작	농기계 협착 등 안전사고(신체손상), 곡물 분진(천식, 농부폐증 등), 소음/진동(난청)
과수	인간공학적 위험요소(근골격계 질환), 농약(농약 중독), 농기계 전복, 추락 등 안전사고(신체손상), 소음/진동(난청)
과채, 화훼 (노지)	인간공학적 위험요소(근골격계 질환), 농약(농약 중독), 농기계 전복 안전사고(신체손상), 자외선 (피부질환), 온열(열사병 등), 소음/진동(난청) 등
과채, 화훼 (시설하우스)	인간공학적 위험요소(근골격계 질환), 농약(농약 중독), 트랙터 배기가스 (일산화탄소 중독 등), 온열 (열사병 등), 유기분진(천식 등), 소음/진동(난청)
축산	가스 중독 (질식사고 등), 가축과의 충돌, 추락 등 안전사고(신체손상), 동물매개 감염(인수공통 감염병), 유기분진(천식, 농부폐증 등)
기타	버섯 포자(천식 등), 담배(니코틴 중독), 생강저장굴(산소 결핍, 질식사 등)

작업자세, 고온   유기분진

중량물, 온열환경   농약

니코틴   무기분진, 자외선   안전사고, 소음/진동, 가스

<그림 2> 유해요인 발생 작업 사례

농업인 업무상 재해의 작목별 특성을 보면 인간공학적 요인은 모든 작목에 공통적인 문제이며, 특히 하우스 시설 작목과 과수 작목의 위험성이 상대적으로 높다. 농약의 경우 과수 및 화훼 작목이 벼농사 및 노지보다 상대적으로 위험성이 높은 것으로 보고되었다. 미생물의 경우 축산농가와 비닐하우스 내 작업에서 대부분 노출 기준을 초과하는 위험한 수준이었으며, 온열 및 유해가스의 경우도 하우스 시설과 같이 밀폐된 공간에서 문제가 되었다. 소음 및 진동은 트랙터, 방제기, 예초기 등 농기계를 사용하는 작업에서 노출 위험이 보고되었다.

3절 농업인 업무상 재해의 관리와 예방

지속 가능한 농업과 농촌의 발전에 있어 건강한 농업인 육성과 안전한 노동환경 조성은 필수 불가결한 요소이다.

하지만 FTA 등 국제농업시장 개방에 따라 농업에 대한 직접적인 보조가 점차 제한되고 있다. 농업인 업무상 재해관리에 대한 정부의 지원은 농업인의 생산적 복지의 확대 즉, 사회보장의 확대 지원정책으로 매우 효과적이며 간접적인 지원 정책이 될 수 있다. 또한 농업인의 산업 재해 예방을 통한 농업인의 삶의 질 향상뿐 아니라, 건강한 노동력유지에 도움이 되므로 농업과 농촌의 지속 가능한 발전도 도모할 수 있다.

유럽에서는 지속 가능한 사회발전을 위해 농업인의 건강과 안전관리를 최우선 정책관리 대상으로 삼고 <표 2>와 같이 농업인의 산업재해 예방부터 감시, 보상, 재활연구 등의 사업을 국가가 주도적으로 연계하여 추진하고 있다.

농가소득 및 농업경쟁력 증진을 지원하는 정책이 주류를 이루어 왔던 우리나라는 최근에서야 농업인 업무상 재해 지원하고자 법적 기반을 마련하고 관리를 시작하는 단계이다.

우리 농업의 근간을 표현하는 농자천하지대본 (農者天下之大本)은 농업인이야 말로 국가가 가장 우선적으로 보호해야 할 대상임을 이야기한다. 농업인은 국민의 먹거리를 책임지는 생명창고 지킴이, 환경지킴이로써 지역의 균형발전에 기여하는 등 공익적 기능을 하고 있다. 근대의 산업 경제 부흥 시기의 농업은 산업 근로의 버팀목이 되었으나, 최근 확대되는 FTA 등 국제시장 개방으로 농가가 농업을 유지하기 어려운 상황이다. 그럼에도 농업·농촌이 공공적 기능과 역할을 하고 있으므로 농업과 농촌은 국가가 주도적으로 지켜나가고 농업인 건강과 안전도 정부 관리 책임 아래 농업인, 국민, 관련 전문가, 유관 기관, 단체 등이 적극적이며 자발적인 협력이 필요하다.

표2 농업인 업무상 재해 관리영역 및 주요 내용

산업 재해 예방	유해요인 확인/ 평가	• 물리적, 화학적, 인간공학적 유해요인 구명 • 유해요인 평가방법 및 기준 개발 • 지속적인 유해요인 노출 평가 및 안전관리
	유해환경	• 농작업환경 및 작업 시스템 개선 • 개인보호구 및 작업 보조장비 개발 및 보급
	개선	• 안전보건교육 시스템 구축 및 교육인력 양성 • 농업안전보건 교육내용, 교육매체 개발

산업 재해 감시	재해실태 조사	• 지속적 재해 실태 파악 및 중대재해 원인조사 • 안전사고, 직업성 질환 감시 및 DB 구축 • 나홀로 작업자 안전사고 등 실시간 모니터링
	재해판정	• 직업성질환 진단 및 재해 판정기준 개발 • 유해요인 특성별 특수 건강검진 항목 설정 • 직업성질환 전문 연구, 진단기관 지원
	역학연구	• 농업인 건강특성 구명을 위한 장기역학 연구 • 급성 직업성 질환 및 사망사고 역학 연구
산업 재해 보상	재해보상	• 안전사고 및 직업성질환 보상범위 수준 설정 • 산재대상 범위 설정 및 심의기구 등 마련
	치료/재활	• 직업성 질환 원인에 따른 치료와 직업적 재활 연구 • 지역 농업인 치료·재활 센터 운영 및 지원 • 재활기구 보급 및 재활프로그램 개발
건강 관리	지역단위 건강관리	• 농촌지역 주요 급·만성 질환 관리(거점병원) • 오지 등 농촌지역 순회 진료 및 건강교육 • 건강 관리시설 확대 및 운영 지원
	의료 접근성	• 공공 보건 의료서비스 강화 • 지역거점 공공병원 및 응급의료 체계 구축

4절 농작업 안전관리 기본 점검 항목

다음은 앞서 서술한 다양한 농업인의 업무상 재해 (근골격계 질환, 농기계 사고, 천식, 농약중독 등)의 예방을 위해 농업현장에서 기본적으로 수행해야 하는 안전 관리 항목이다(표 3).

각 점검 항목별로 보다 자세한 내용이나, 작목별로 특이하게 발생하는 위험 요인의 관리와 재해예방지침은 농업인 건강안전정보센터 (http://farmer.rda.go.kr)에서 확인할 수 있다.

표3 **농작업 안전관리 기본 점검 항목과 예시 그림**

분류	농작업 안전관리 기본 점검 항목	
개인 보호구 착용 및 관리	농약을 다룰 때에는 마스크, 방제복, 고무장갑을 착용한다.	
	먼지가 발생하는 작업환경에서는 분진마스크를 착용한다. (면 마스크 착용 금지)	
	개인보호구를 별도로 안전한 장소에 보관한다.	
	야외 작업 시 자외선(햇빛) 노출을 최소화하기 위한 조치를 취한다.	
농기계 안전	경운기, 트랙터 등 보유한 운행 농기계에 반사판, 안전등, 경광등, 후사경을 부착한다.	
	동력기기 운행 시 응급사고에 대비하여 긴급 멈춤 방법을 확인하고 운전한다.	

분류	농작업 안전 관리 기본 점검 항목	
농기계 안전	음주 후 절대 농기계 운행을 하지 않는다.	
	농기계를 사용할 때는 옷이 농기계에 말려 들어가지 않도록 적절한 작업복을 입는다.	
	농기계는 수시로 점검하고 점검 기록을 유지한다.	
	수동공구, 전동공구는 지정된 안전한 장소에 보관한다..	
농약 및 유해 요인 관리	남은 농약은 안전하게 보관하고, 폐기농약은 신속하게 폐기한다.	
	농약은 아무나 열 수 없는 농약 전용 보관함에 넣어 보관한다.	

분류	농작업 안전 관리 기본 점검 항목	
농업 시설 관리	화재 위험이 있는 곳에 (배전반 전열기 등)에 소화기를 비치 한다.	
	밀폐공간(저장고, 퇴비사 등)을 출입할 때에는 충분히 환기한다.	
	농작업장 및 시설에 적절한 조명시설을 설치한다.	
	사람이 다니는 작업 공간의 바닥을 평탄하게 유지하고 정리정돈한다.	
	출입문, 진입로 등의 턱을 없애고, 계단 대신 경사로를 설치한다.	
인력 작업 관리	중량물 운반 시 최대한 몸에 밀착시켜 무릎으로 들어 옮긴다.	

분류	농작업 안전 관리 기본 점검 항목	
인력 작업 관리	농작업 후에 피로회복을 위한 운동을 한다.	
	작업장에 별도의 휴식공간을 마련한다.	
일반 안전 관리	농업인 안전보험에 가입한다.	
	긴급 상황을 대비하여 응급연락체계를 유지한다.	
	비상 구급함을 작업장에 비치한다.	

부록
알기 쉬운
농업용어

ㄱ

가건(架乾)	걸어 말림
가경지(可耕地)	농사지을 수 있는 땅
가리(加里)	칼리, 칼륨, 가리
가사(假死)	기절
가식(假植)	임시 심기
가열육(加熱肉)	익힘 고기, 익힌고기
가온(加溫)	온도높임
가용성(可溶性)	녹는, 가용성
가자(茄子)	가지
가잠(家蠶)	집누에, 누에
가적(假積)	임시 쌓기
가토(家兎)	집토끼, 토끼
가피(痂皮)	딱지
가해(加害)	해를 입힘
각(脚)	다리
각대(脚帶)	다리띠, 각대
각반병(角斑病)	모무늬병, 각반병
각피(殼皮)	겉껍질
간(干)	절임
간극(間隙)	틈새
간단관수(間斷灌水)	물걸러대기
간벌(間伐)	솎아내어 베기
간색(桿色)	줄기 색
간석지(干潟地)	개펄, 개땅
간식(間植)	사이심기
간이잠실(簡易蠶室)	간이누엣간
간인기(間引機)	솎음기계
간작(間作)	사이짓기
간장(桿長)	키, 줄기길이
간채류(幹菜類)	줄기채소
간척지(干拓地)	개막은 땅, 간척지
갈강병(褐疆病)	갈색굳음병
갈근(葛根)	칡뿌리
갈문병(褐紋病)	갈색무늬병
갈반병(褐斑病)	갈색점무늬병, 갈반병
갈색엽고병(褐色葉枯病)	갈색잎마름병
감과앵도(甘果櫻挑)	단앵두
감람(甘籃)	양배추
감미(甘味)	단맛
감별추(鑑別雛)	암수가린병아리, 가린병아리
감시(甘)	단감
감옥촉서(甘玉蜀黍)	단옥수수
감자(甘蔗)	사탕수수
감저(甘藷)	고구마
감주(甘酒)	단술, 감주
갑충(甲蟲)	딱정벌레

170

강두(豆)	동부	건경(乾莖)	마른 줄기
강력분(强力粉)	차진 밀가루, 강력분	건국(乾麴)	마른누룩
강류(糠類)	등겨	건답(乾畓)	마른 논
강전정(强剪定)	된다듬질, 강전정	건마(乾麻)	마른삼
강제환우(制換羽)	강제 털갈이	건못자리	마른 못자리
강제휴면(制休眠)	움 재우기	건물중(乾物重)	마른 무게
개구기(開口器)	입벌리개	건사(乾飼)	마른 먹이
개구호흡(開口呼吸)	입 벌려 숨쉬기,	건시(乾)	곶감
	벌려 숨쉬기	건율(乾栗)	말린 밤
개답(開畓)	논풀기, 논일구기	건조과일(乾燥과일)	말린 과실
개식(改植)	다시 심기	건조기(乾燥機)	말림틀, 건조기
개심형(開心形)	깔때기 모양,	건조무(乾燥무)	무말랭이
	속이 훤하게 드러남	건조비율(乾燥比率)	마름률, 말림률
개열서(開裂)	터진 감자	건조화(乾燥花)	말린 꽃
개엽기(開葉期)	잎필 때	건채(乾菜)	말린 나물
개협(開莢)	꼬투리 튐	건초(乾草)	말린 풀
개화기(開花期)	꽃필 때	건초조제(乾草調製)	꼴(풀) 말리기,
개화호르몬(開和hormome)	꽃피우기호르몬		마른 풀 만들기
객담(喀啖)	가래	건토효과(乾土效果)	마른 흙 효과, 흙말림 효과
객토(客土)	새흙넣기	검란기(檢卵機)	알 검사기
객혈(喀血)	피를 토함	격년(隔年)	해거리
갱신전정(更新剪定)	노쇠한 나무를 젊은 상태로	격년결과(隔年結果)	해거리 열림
	재생장시키기 위한 전정	격리재배(隔離栽培)	따로 가꾸기
갱신지(更新枝)	바꾼 가지	격사(隔沙)	자리떼기
거세창(去勢創)	불친 상처	격왕판(隔王板)	왕벌막이
거접(据接)	제자리접	"격휴교호벌채법	이랑 건너 번갈아 베기
건(腱)	힘줄	(隔畦交互伐採法)"	
건가(乾架)	말림틀	견(繭)	고치
건견(乾繭)	말린 고치, 고치말리기	견사(繭絲)	고치실(실크)

견중(繭重)	고치 무게	경엽(硬葉)	굳은 잎
견질(繭質)	고치질	경엽(莖葉)	줄기와 잎
견치(犬齒)	송곳니	경우(頸羽)	목털
견흑수병(堅黑穗病)	속깜부기병	경운(耕耘)	흙 갈이
결과습성(結果習性)	열매 맺음성, 맺음성	경운심도(耕耘深度)	흙 갈이 깊이
결과절위(結果節位)	열림마디	경운조(耕耘爪)	갈이날
결과지(結果枝)	열매가지	경육(頸肉)	목살
결구(結球)	알들이	경작(硬作)	짓기
결속(結束)	묶음, 다발, 가지묶기	경작지(硬作地)	농사땅, 농경지
결실(結實)	열매맺기, 열매맺이	경장(莖長)	줄기길이
결주(缺株)	빈포기	경정(莖頂)	줄기끝
결핍(乏)	모자람	경증(輕症)	가벼운증세, 경증
결협(結莢)	꼬투리맺음	경태(莖太)	줄기굵기
경경(莖徑)	줄기굵기	경토(耕土)	갈이흙
경골(脛骨)	정강이뼈	경폭(耕幅)	갈이 너비
경구감염(經口感染)	입감염	경피감염(經皮感染)	살갗 감염
경구투약(經口投藥)	약 먹이기	경화(硬化)	굳히기, 굳어짐
경련(痙攣)	떨림, 경련	경화병(硬化病)	굳음병
경립종(硬粒種)	굳음씨	계(鷄)	닭
경백미(硬白米)	멥쌀	계관(鷄冠)	닭볏
경사지상전(傾斜地桑田)	비탈 뽕밭	계단전(階段田)	계단밭
경사휴재배(傾斜畦栽培)	비탈 이랑 가꾸기	계두(鷄痘)	닭마마
경색(梗塞)	막힘, 경색	계류우사(繫留牛舍)	외양간
경산우(經産牛)	출산 소	계목(繫牧)	매어기르기
경수(硬水)	센물	계분(鷄糞)	닭똥
경수(莖數)	줄깃수	계사(鷄舍)	닭장
경식토(硬埴土)	점토함량이 60% 이하인 흙	계상(鷄箱)	포갬 벌통
경실종자(硬實種子)	굳은 씨앗	계속한천일수	계속 가뭄일수
경심(耕深)	깊이 갈이	(繼續旱天日數)	

계역(鷄疫)	닭돌림병	공태(空胎)	새끼를 배지 않음
계우(鷄羽)	닭털	공한지(空閑地)	빈땅
계육(鷄肉)	닭고기	공협(空莢)	빈꼬투리
고갈(枯渴)	마름	과경(果徑)	열매의 지름
고랭지재배(高冷地栽培)	고랭지가꾸기	과경(果梗)	열매 꼭지
고미(苦味)	쓴맛	과고(果高)	열매 키
고사(枯死)	말라죽음	과목(果木)	과일나무
고삼(苦蔘)	너삼	과방(果房)	과실송이
고설온상(高設溫床)	높은 온상	과번무(過繁茂)	웃자람
고숙기(枯熟期)	고쉰 때	과산계(寡産鷄)	알적게 낳는 닭,
고온장일(高溫長日)	고온으로 오래 볕쬐기		적게 낳는 닭
고온저장(高溫貯藏)	높은 온도에서 저장	과색(果色)	열매 빛깔
고접(高接)	높이 접붙임	과석(過石)	과린산석회, 과석
고조제(枯凋劑)	말림약	과수(果穗)	열매송이
고즙(苦汁)	간수	과수(顆數)	고치수
고취식압조(高取式壓條)	높이 떼기	과숙(過熟)	농익음
고토(苦土)	마그네슘	과숙기(過熟期)	농익을 때
고휴재배(高畦栽培)	높은 이랑 가꾸기(재배)	과숙잠(過熟蠶)	너무익은 누에
곡과(曲果)	굽은 과실	과실(果實)	열매
곡류(穀類)	곡식류	과심(果心)	열매 속
곡상충(穀象)	쌀바구미	과아(果芽)	과실 눈
곡아(穀蛾)	곡식나방	과엽충(瓜葉)	오이잎벌레
골간(骨幹)	뼈대, 골격, 골간	과육(果肉)	열매 살
골격(骨格)	뼈대, 골간, 골격	과장(果長)	열매 길이
골분(骨粉)	뼛가루	과중(果重)	열매 무게
골연증(骨軟症)	뼈무름병, 골연증	과즙(果汁)	과일즙, 과즙
공대(空袋)	빈 포대	과채류(果菜類)	열매채소
공동경작(共同耕作)	어울려 짓기	과총(果叢)	열매송이, 열매송이 무리
공동과(空胴果)	속 빈 과실		
공시충(供試)	시험벌레		

과피(果皮)	열매 껍질	구근(球根)	알 뿌리
과형(果形)	열매 모양	구비(廏肥)	외양간 두엄
관개수로(灌漑水路)	논물길	구서(驅鼠)	쥐잡기
관개수심(灌漑水深)	댄 물깊이	구순(口脣)	입술
관수(灌水)	물주기	구제(驅除)	없애기
관주(灌注)	포기별 물주기	구주리(歐洲李)	유럽자두
관행시비(慣行施肥)	일반적인 거름 주기	구주율(歐洲栗)	유럽밤
광견병(狂犬病)	미친개병	구주종포도(歐洲種葡萄)	유럽포도
광발아종자(光發芽種子)	볕밭이씨	구중(球重)	알 무게
광엽(廣葉)	넓은 잎	구충(驅蟲)	벌레 없애기, 기생충 잡기
광엽잡초(廣葉雜草)	넓은 잎 잡초	구형아접(鉤形芽接)	갈고리눈접
광제잠종(製蠶種)	돌뱅이누에씨	국(麴)	누룩
광파재배(廣播栽培)	넓게 뿌려 가꾸기	군사(群飼)	무리 기르기
괘대(掛袋)	봉지씌우기	궁형정지(弓形整枝)	활꽃나무 다듬기
괴경(塊莖)	덩이줄기	권취(卷取)	두루말이식
괴근(塊根)	덩이뿌리	규반비(硅攀比)	규산 알루미늄 비율
괴상(塊狀)	덩이꼴	균경(菌莖)	버섯 줄기, 버섯대
교각(橋角)	뿔 고치기	균류(菌類)	곰팡이류, 곰팡이붙이
교맥(蕎麥)	메밀	균사(菌絲)	팡이실, 곰팡이실
교목(喬木)	큰키 나무	균산(菌傘)	버섯갓
교목성(喬木性)	큰키 나무성	균상(菌床)	버섯판
교미낭(交尾囊)	정받이 주머니	균습(菌褶)	버섯살
교상(咬傷)	물린 상처	균열(龜裂)	터짐
교질골(膠質骨)	아교질 뼈	균파(均播)	고루뿌림
교호벌채(交互伐採)	번갈아 베기	균핵(菌核)	균씨
교호작(交互作)	엇갈이 짓기	균핵병(菌核病)	균씨병, 균핵병
구강(口腔)	입안	균형시비(均衡施肥)	거름 갖춰주기
구경(球莖)	알 줄기	근경(根莖)	뿌리줄기
구고(球高)	알 높이	근계(根系)	뿌리 뻗음새

근교원예(近郊園藝)	변두리 원예	기호성(嗜好性)	즐기성, 기호성
근군분포(根群分布)	뿌리 퍼짐	기휴식(寄畦式)	모듬이랑식
근단(根端)	뿌리끝	길경(桔梗)	도라지
근두(根頭)	뿌리머리		
근류균(根溜菌)	뿌리혹박테리아, 뿌리혹균	ㄴ	
근모(根毛)	뿌리털	나맥(裸麥)	쌀보리
근부병(根腐病)	뿌리썩음병	나백미(白米)	찹쌀
근삽(根挿)	뿌리꽂이	나종(種)	찰씨
근아충(根)	뿌리혹벌레	나흑수병(裸黑穗病)	겉깜부기병
근압(根壓)	뿌리압력	낙과(落果)	떨어진 열매, 열매 떨어짐
근얼(根蘖)	뿌리벌기	낙농(酪農)	젖소 치기, 젖소양치기
근장(根長)	뿌리길이	낙뢰(落)	꽃방울이 떨어짐
근접(根接)	뿌리접	낙수(落水)	물 떼기
근채류(根菜類)	뿌리채소류	낙엽(落葉)	진 잎, 낙엽
근형(根形)	뿌리모양	낙인(烙印)	불도장
근활력(根活力)	뿌리힘	낙화(落花)	진 꽃
급사기(給飼器)	모이통, 먹이통	낙화생(落花生)	땅콩
급상(給桑)	뽕주기	난각(卵殼)	알 껍질
급상대(給桑臺)	채반받침틀	난기운전(暖機運轉)	시동운전
급상량(給桑量)	뽕주는 양	난도(亂蹈)	날뜀
급수기(給水器)	물그릇, 급수기	난중(卵重)	알무게
급이(給飴)	먹이	난형(卵形)	알모양
급이기(給飴器)	먹이통	난황(卵黃)	노른자위
기공(氣孔)	숨구멍	내건성(耐乾性)	마름견딜성
기관(氣管)	숨통, 기관	내구연한(耐久年限)	견디는 연수
기비(基肥)	밑거름	내냉성(耐冷性)	찬기운 견딜성
기잠(起蠶)	인누에	내도복성(耐倒伏性)	쓰러짐 견딜성
기지(忌地)	땅가림	내반경(內返耕)	안쪽 돌아갈이
기형견(畸形繭)	기형고치	내병성(耐病性)	병 견딜성
기형수(畸形穗)	기형이삭		

내비성(耐肥性)	거름 견딜성	녹음기(綠陰期)	푸른철, 숲 푸른철
내성(耐性)	견딜성	녹지삽(綠枝揷)	풋가지꽂이
내염성(耐鹽性)	소금기 견딜성	농번기(農繁期)	농사철
내충성(耐性)	벌레 견딜성	농병(膿病)	고름병
내피(內皮)	속껍질	농약살포(農藥撒布)	농약 뿌림
내피복(內被覆)	속덮기, 속덮개	농양(膿瘍)	고름집
내한(耐旱)	가뭄 견딤	농업노동(農業勞動)	농사품, 농업노동
내향지(內向枝)	안쪽 뻗은 가지	농종(膿腫)	고름종기
냉동육(冷凍肉)	얼린 고기	농지조성(農地造成)	농지일구기
냉수관개(冷水灌漑)	찬물대기	농축과즙(濃縮果汁)	진한 과즙
냉수답(冷水畓)	찬물 논	농포(膿泡)	고름집
냉수용출답(冷水湧出畓)	샘논	농혈증(膿血症)	피고름증
냉수유입답(冷水流入畓)	찬물받이 논	농후사료(濃厚飼料)	기름진 먹이
냉온(冷溫)	찬기	뇌	봉오리
노	머위	뇌수분(受粉)	봉오리 가루받이
노계(老鷄)	묵은 닭	누관(淚管)	눈물관
노목(老木)	늙은 나무	누낭(淚囊)	눈물 주머니
노숙유충(老熟幼蟲)	늙은 애벌레, 다 자란 유충	누수답(漏水畓)	시루논
노임(勞賃)	품삯		
노지화초(露地花草)	한데 화초		
노폐물(老廢物)	묵은 찌꺼기		
노폐우(老廢牛)	늙은 소	**ㄷ**	
노화(老化)	늙음	다(茶)	차
노화묘(老化苗)	쇤모	다년생(多年生)	여러해살이
노후화답(老朽化畓)	해식은 논	다년생초화(多年生草化)	여러해살이 꽃
녹변(綠便)	푸른 똥	다독아(茶毒蛾)	차나무독나방
녹비(綠肥)	풋거름	다두사육(多頭飼育)	무리기르기
녹비작물(綠肥作物)	풋거름 작물	다모작(多毛作)	여러 번 짓기
녹비시용(綠肥施用)	풋거름 주기	다비재배(多肥栽培)	길게 가꾸기
녹사료(綠飼料)	푸른 사료		

176

다수확품종(多收穫品種)	소출 많은 품종	단위결과(單爲結果)	무수정 열매맺음
다육식물(多肉植物)	잎이나 줄기에 수분이 많은 식물	단위결실(單爲結實)	제꽃 열매맺이, 제꽃맺이
		단일성식물(短日性植物)	짧은볕식물
다즙사료(多汁飼料)	물기 많은 먹이	단자삽(團子揷)	경단꽂이
다화성잠저병(多花性蠶疽病)	누에쉬파리병	단작(單作)	홑짓기
다회육(多回育)	여러 번 치기	단제(單蹄)	홀굽
단각(斷角)	뿔자르기	단지(短枝)	짧은 가지
단간(斷稈)	짧은키	담낭(膽囊)	쓸개
단간수수형품종 (短稈穗數型品種)	키작고 이삭 많은 품종	담석(膽石)	쓸개돌
		담수(湛水)	물 담김
단간수중형품종 (短稈穗重型品種)	키작고 이삭 큰 품종	담수관개(湛水灌漑)	물 가두어 대기
		담수직파(湛水直播)	무논뿌림, 무논 바로 뿌리기
단경기(端境期)	때아닌 철	담자균류(子菌類)	자루곰팡이붙이,자루곰팡이류
단과지(短果枝)	짧은 열매가지, 단과지	담즙(膽汁)	쓸개즙
단교잡종(單交雜種)	홑트기씨. 단교잡종	답리작(畓裏作)	논뒷그루
단근(斷根)	뿌리끊기	답압(踏壓)	밟기
단립구조(單粒構造)	홑알 짜임	답입(踏)	밟아넣기
단립구조(團粒構造)	떼알 짜임	답작(畓作)	논농사
단망(短芒)	짧은 가락	답전윤환(畓田輪換)	논밭 돌려짓기
단미(斷尾)	꼬리 자르기	답전작(畓前作)	논앞그루
단소전정(短剪定)	짧게 치기	답차륜(畓車輪)	논바퀴
단수(斷水)	물 끊기	답후작(畓後作)	논뒷그루
단시형(短翅型)	짧은날개꼴	당약(當藥)	쓴 풀
단아(單芽)	홑눈	대국(大菊)	왕국화, 대국
단아삽(短芽揷)	외눈꺾꽂이	대두(大豆)	콩
단안(單眼)	홑눈	대두박(大豆粕)	콩깻묵
단열재료(斷熱材料)	열을 막아주는 재료	대두분(大豆粉)	콩가루
단엽(單葉)	홑잎	대두유(大豆油)	콩기름
단원형(短圓型)	둥근모양	대립(大粒)	굵은알

대립종(大粒種)	굵은씨	돈(豚)	돼지
대마(大麻)	삼	돈단독(豚丹毒)	돼지단독(병)
대맥(大麥)	보리, 겉보리	돈두(豚痘)	돼지마마
대맥고(大麥藁)	보릿짚	돈사(豚舍)	돼지우리
대목(臺木)	바탕나무,	돈역(豚疫)	돼지돌림병
	바탕이 되는 나무	돈콜레라(豚cholerra)	돼지콜레라
대목아(臺木牙)	대목눈	돈폐충(豚肺)	돼지폐충
대장(大腸)	큰창자	동고병(胴枯病)	줄기마름병
대추(大雛)	큰병아리	동기전정(冬期剪定)	겨울가지치기
대퇴(大腿)	넓적다리	동맥류(動脈瘤)	동맥혹
도(桃)	복숭아	동면(冬眠)	겨울잠
도고(稻藁)	볏짚	동모(冬毛)	겨울털
도국병(稻麴病)	벼이삭누룩병	동백과(冬栢科)	동백나무과
도근식엽충(稻根食葉)	벼뿌리잎벌레	동복자(同腹子)	한배 새끼
도복(倒伏)	쓰러짐	동봉(動蜂)	일벌
도복방지(倒伏防止)	쓰러짐 막기	동비(冬肥)	겨울거름
도봉(盜蜂)	도둑벌	동사(凍死)	얼어죽음
도수로(導水路)	물 댈 도랑	동상해(凍霜害)	서리피해
도야도아(稻夜盜蛾)	벼도둑나방	동아(冬芽)	겨울눈
도장(徒長)	웃자람	동양리(東洋李)	동양자두
도장지(徒長枝)	웃자람 가지	동양리(東洋梨)	동양배
도적아충(挑赤)	복숭아붉은진딧물	동작(冬作)	겨울가꾸기
도체율(屠體率)	통고기율, 머리, 발목,	동작물(冬作物)	겨울작물
	내장을 제외한 부분	동절견(胴切繭)	허리 얇은 고치
도포제(塗布劑)	바르는 약	동채(冬菜)	무갓
도한(盜汗)	식은땀	동통(疼痛)	아픔
독낭(毒囊)	독주머니	동포자(冬胞子)	겨울 홀씨
독우(犢牛)	송아지	동할미(胴割米)	금간 쌀
독제(毒劑)	독약, 독제	동해(凍害)	언 피해

두과목초(豆科牧草)	콩과 목초(풀)	만생상(晚生桑)	늦뽕
두과작물(豆科作物)	콩과작물	만생종(晚生種)	늦씨, 늦게 가꾸는 씨앗
두류(豆類)	콩류	만성(蔓性)	덩굴쇠
두리(豆李)	콩배	만성식물(蔓性植物)	덩굴성식물, 덩굴식물
두부(頭部)	머리, 두부	만숙(晚熟)	늦익음
두유(豆油)	콩기름	만숙립(晚熟粒)	늦여문알
두창(痘瘡)	마마, 두창	만식(晚植)	늦심기
두화(頭花)	머리꽃	만식이앙(晚植移秧)	늦모내기
둔부(臀部)	궁둥이	만식재배(晚植栽培)	늦심어 가꾸기
둔성발정(鈍性發精)	미약한 발정	만연(蔓延)	번짐, 퍼짐
드릴파	좁은줄뿌림	만절(蔓切)	덩굴치기
등숙기(登熟期)	여뭄 때	만추잠(晚秋蠶)	늦가을누에
등숙비(登熟肥)	여뭄 거름	만파(晚播)	늦뿌림
		만할병(蔓割病)	덩굴쪼개병
		만화형(蔓化型)	덩굴지기
		망사피복(網紗避覆)	망사덮기, 망사덮개
		망입(網入)	그물넣기

ㅁ

마두(馬痘)	말마마	망장(芒長)	까락길이
마령서(馬鈴薯)	감자	망진(望診)	겉보기 진단, 보기 진단
마령서아(馬鈴薯蛾)	감자나방	망취법(網取法)	그물 떼내기법
마록묘병(馬鹿苗病)	키다리병	매(梅)	매실
마사(馬舍)	마굿간	매간(梅干)	매실절이
마쇄(磨碎)	갈아부수기, 갈부수기	매도(梅挑)	앵두
마쇄기(磨碎機)	갈아 부수개	매문병(煤紋病)	그을음무늬병, 매문병
마치종(馬齒種)	말이씨, 오목씨	매병(煤病)	그을음병
마포(麻布)	삼베, 마포	매초(埋草)	담근 먹이
만기재배(晚期栽培)	늦가꾸기	맥간류(麥稈類)	보릿짚류
만반(蔓返)	덩굴뒤집기	맥강(麥糠)	보릿겨
만상(晚霜)	늦서리	맥답(麥畓)	보리논
만상해(晚霜害)	늦서리 피해		

맥류(麥類)	보리류	모피(毛皮)	털가죽
맥발아충(麥髮)	보리깔진딧물	목건초(牧乾草)	목초 말린풀
맥쇄(麥碎)	보리싸라기	목단(牧丹)	모란
맥아(麥蛾)	보리나방	목본류(木本類)	나무붙이
맥전답압(麥田踏壓)	보리밭 밟기, 보리 밟기	목야(초)지(牧野草地)	꼴밭, 풀밭
맥주맥(麥酒麥)	맥주보리	목제잠박(木製蠶箔)	나무채반, 나무누에채반
맥후작(麥後作)	모리뒷그루	목책(牧柵)	울타리, 목장 울타리
맹	등에	목초(牧草)	꼴, 풀
맹아(萌芽)	움	몽과(果)	망고
멀칭(mulching)	바닥덮기	몽리면적(蒙利面積)	물 댈 면적
면(眠)	잠	묘(苗)	모종
면견(綿繭)	솜고치	묘근(苗根)	모뿌리
면기(眠期)	잠잘때	묘대(苗垈)	못자리
면류(麵類)	국수류	묘대기(苗垈期)	못자리때
면실(棉實)	목화씨	묘령(苗齡)	모의 나이
면실박(棉實粕)	목화씨깻묵	묘매(苗)	멍석딸기
면실유(棉實油)	목화씨기름	묘목(苗木)	모나무
면양(緬羊)	털염소	묘상(苗床)	모판
면잠(眠蠶)	잠누에	묘판(苗板)	못자리
면제사(眠除沙)	잠똥갈이	무경운(無耕耘)	갈지 않음
면포(棉布)	무명(베), 면포	무기질토양(無機質土壤)	무기질 흙
면화(棉花)	목화	무망종(無芒種)	까락 없는 씨
명거배수(明渠排水)	겉도랑 물빼기, 겉도랑빼기	무종자과실(無種子果實)	씨 없는 열매
모계(母鷄)	어미닭	무증상감염(無症狀感染)	증상 없이 옮김
모계육추(母鷄育雛)	품어 기르기	무핵과(無核果)	씨없는 과실
모독우(牡犢牛)	황송아지, 수송아지	무효분얼기(無效分蘖期)	헛가지 치기
모돈(母豚)	어미돼지	무효분얼종지기	헛가지 치기 끝날 때
모본(母本)	어미그루	(無效分蘖終止期)	
모지(母枝)	어미가지	문고병(紋故病)	잎집무늬마름병

180

문단(文旦)	문단귤	반경지삽(半硬枝挿)	반굳은 가지꽂이,
미강(米糠)	쌀겨		반굳은꽂이
미경산우(未經産牛)	새끼 안낳는 소	반숙퇴비(半熟堆肥)	반썩은 두엄
미곡(米穀)	쌀	반억제재배(半抑制栽培)	반늦추어 가꾸기
미국(米麴)	쌀누룩	반엽병(斑葉病)	줄무늬병
미립(米粒)	쌀알	반전(反轉)	뒤집기
미립자병(微粒子病)	잔알병	반점(斑點)	얼룩점
미숙과(未熟課)	선열매, 덜 여문 열매	반점병(斑點病)	점무늬병
미숙답(未熟畓)	덜된 논	반촉성재배(半促成栽培)	반당겨 가꾸기
미숙립(未熟粒)	덜 여문 알	반추(反芻)	되새김
미숙잠(未熟蠶)	설익은 누에	반흔(搬痕)	딱지자국
미숙퇴비(未熟堆肥)	덜썩은 두엄	발근(發根)	뿌리내림
미우(尾羽)	꼬리깃	발근제(發根劑)	뿌리내림약
미질(米質)	쌀의 질, 쌀품질	발근촉진(發根促進)	뿌리내림 촉진
밀랍(蜜蠟)	꿀밀	발병엽수(發病葉數)	병든 잎수
밀봉(蜜蜂)	꿀벌	발병주(發病株)	병든포기
밀사(密飼)	배게기르기	발아(發蛾)	싹트기, 싹틈
밀선(蜜腺)	꿀샘	발아적온(發芽適溫)	싹트기 알맞은 온도
밀식(密植)	배게심기, 빽빽하게 심기	발아촉진(發芽促進)	싹트기 촉진
밀원(蜜源)	꿀밭	발아최성기(發芽最盛期)	나방제철
밀파(密播)	배게뿌림, 빽빽하게 뿌림	발열(發熱)	열남, 열냄
		발우(拔羽)	털뽑기
		발우기(拔羽機)	털뽑개
ㅂ		발육부전(發育不全)	제대로 못자람
바인더(binder)	베어묶는 기계	발육사료(發育飼料)	자라는데 주는 먹이
박(粕)	깻묵	발육지(發育枝)	자람가지
박력분(薄力粉)	메진 밀가루	발육최성기(發育最盛期)	한창 자랄 때
박파(薄播)	성기게 뿌림	발정(發情)	발정
박피(剝皮)	껍질벗기기	발한(發汗)	땀남
박피견(薄皮繭)	얇은고치		

발효(醱酵)	띄우기	백부병(百腐病)	흰썩음병
방뇨(防尿)	오줌누기	백삽병(白澁病)	흰가루병
방목(放牧)	놓아 먹이기	백쇄미(白碎米)	흰싸라기
방사(放飼)	놓아 기르기	백수(白穗)	흰마름 이삭
방상(防霜)	서리막기	백엽고병(白葉枯病)	흰잎마름병
방풍(防風)	바람막이	백자(栢子)	잣
방한(防寒)	추위막이	백채(白菜)	배추
방향식물(芳香植物)	향기식물	백합과(百合科)	나리과
배(胚)	씨눈	변속기(變速機)	속도조절기
배뇨(排尿)	오줌 빼기	병과(病果)	병든 열매
배배양(胚培養)	씨눈배양	병반(病斑)	병무늬
배부식분무기	등으로 매는 분무기	병소(病巢)	병집
(背負式噴霧器)		병우(病牛)	병든 소
배부형(背負形)	등짐식	병징(病徵)	병증세
배상형(盃狀形)	사발꼴	보비력(保肥力)	거름을 지닐 힘
배수(排水)	물빼기	보수력(保水力)	물 지닐힘
배수구(排水溝)	물뺄 도랑	보수일수(保水日數)	물 지닐 일수
배수로(排水路)	물뺄 도랑	보식(補植)	메워서 심기
배아비율(胚芽比率)	씨눈비율	보양창흔(步樣瘡痕)	비틀거림
배유(胚乳)	씨젖	보정법(保定法)	잡아매기
배조맥아(焙燥麥芽)	말린 엿기름	보파(補播)	덧뿌림
배초(焙焦)	볶기	보행경직(步行硬直)	뻗장 걸음
배토(培土)	북주기, 흙 북돋아 주기	보행창흔(步行瘡痕)	비틀 걸음
배토기(培土機)	북주개 작물사이의 흙을	복개육(覆蓋育)	덮어치기
	북돋아 주는데 사용하는 기계	복교잡종(複交雜種)	겹트기씨
백강병(白彊病)	흰굳음병	복대(覆袋)	봉지 씌우기
백리(白痢)	흰설사	복백(腹白)	겉백이
백미(白米)	흰쌀	복아(複芽)	겹눈
백반병(白斑病)	흰무늬병	복아묘(複芽苗)	겹눈모

182

복엽(腹葉)	겹잎	부주지(副主枝)	버금가지
복접(腹接)	허리접	부진자류(浮塵子類)	멸구매미충류
복지(蔔枝)	기는 줄기	부초(敷草)	풀 덮기
복토(覆土)	흙덮기	부패병(腐敗病)	썩음병
복통(腹痛)	배앓이	부화(孵化)	알깨기, 알까기
복합아(複合芽)	겹눈	부화약충(孵化若)	갓 깬 애벌레
본답(本畓)	본논	분근(分根)	뿌리나누기
본엽(本葉)	본잎	분뇨(糞尿)	똥오줌
본포(本圃)	제밭, 본밭	분만(分娩)	새끼낳기
봉군(蜂群)	벌떼	분만간격(分娩間隔)	터울
봉밀(蜂蜜)	벌꿀, 꿀	분말(粉末)	가루
봉상(蜂箱)	벌통	분무기(噴霧機)	뿜개
봉침(蜂針)	벌침	분박(分箔)	채반기름
봉합선(縫合線)	솔기	분봉(分蜂)	벌통가르기
부고(敷藁)	깔짚	분사(粉飼)	가루먹이
부단급여(不斷給與)	대먹임, 계속 먹임	분상질소맥(粉狀質小麥)	메진 밀
부묘(浮苗)	뜬모	분시(分施)	나누어 비료주기
부숙(腐熟)	썩힘	분식(紛食)	가루음식
부숙도(腐熟度)	썩은 정도	분얼(分蘖)	새끼치기
부숙퇴비(腐熟堆肥)	썩은 두엄	분얼개도(分蘖開度)	포기 퍼짐새
부식(腐植)	써거리	분얼경(分蘖莖)	새끼친 줄기
부식토(腐植土)	써거리 흙	분얼기(分蘖期)	새끼칠 때
부신(副腎)	곁콩팥	분얼비(分蘖肥)	새끼칠 거름
부아(副芽)	덧눈	분얼수(分蘖數)	새끼친 수
부정근(不定根)	막뿌리	분얼절(分蘖節)	새끼마디
부정아(不定芽)	막눈	분얼최성기(分蘖最盛期)	새끼치기 한창 때
부정형견(不定形繭)	못생긴 고치	분의처리(粉依處理)	가루묻힘
부제병(腐蹄病)	발굽썩음병	분재(盆栽)	분나무
부종(浮種)	붓는 병	분제(粉劑)	가루약

분주(分株)	포기나눔	비효(肥效)	거름효과
분지(分枝)	가지벌기	빈독우(牝犢牛)	암송아지
분지각도(分枝角度)	가지벌림새	빈사상태(瀕死狀態)	다죽은 상태
분지수(分枝數)	번 가지수	빈우(牝牛)	암소
분지장(分枝長)	가지길이		
분총(分)	쪽파	**ㅅ**	
불면잠(不眠蠶)	못자는 누에	사(砂)	모래
불시재배(不時栽培)	때없이 가꾸기	사견양잠(絲繭養蠶)	실고치 누에치기
불시출수(不時出穗)	때없이 이삭패기,	사경(砂耕)	모래 가꾸기
	불시이삭패기	사과(絲瓜)	수세미
불용성(不溶性)	안녹는	사근접(斜根接)	뿌리엇접
불임도(不姙稻)	쭉정이벼	사낭(砂囊)	모래주머니
불임립(不稔粒)	쭉정이	사란(死卵)	곤달걀
불탈견아(不脫繭蛾)	못나온 나방	사력토(砂礫土)	자갈흙
비경(鼻鏡)	콧등, 코거울	사롱견(死籠繭)	번데기가 죽은 고치
비공(鼻孔)	콧구멍	사료(飼料)	먹이
비등(沸騰)	끓음	사료급여(飼料給與)	먹이주기
비료(肥料)	거름	사료포(飼料圃)	사료밭
비루(鼻淚)	콧물	사망(絲網)	실그물
비배관리(肥培管理)	거름주어 가꾸기	사면(四眠)	넉잠
비산(飛散)	흩날림	사멸온도(死滅溫度)	죽는 온도
비옥(肥沃)	걸기	사비료작물(飼肥料作物)	먹이 거름작물
비유(泌乳)	젖나기	사사(舍飼)	가둬 기르기
비육(肥育)	살찌우기	사산(死産)	죽은 새끼낳음
비육양돈(肥育養豚)	살돼지 기르기	사삼(沙蔘)	더덕
비음(庇陰)	그늘	사성휴(四盛畦)	네가웃지기
비장(臟)	지라	사식(斜植)	빗심기, 사식
비절(肥絶)	거름 떨어짐	사양(飼養)	치기, 기르기
비환(鼻環)	코뚜레	사양토(砂壤土)	모래참흙

사육(飼育)	기르기, 치기	삼투성(滲透性)	스미는 성질
사접(斜接)	엇접	삽목(揷木)	꺾꽂이
사조(飼槽)	먹이통	삽목묘(揷木苗)	꺾꽂이모
사조맥(四條麥)	네모보리	삽목상(揷木床)	꺾꽂이 모판
사총(絲葱)	실파	삽미(澁味)	떫은 맛
사태아(死胎兒)	죽은 태아	삽상(揷床)	꺾꽂이 모판
사토(砂土)	모래흙	삽수(揷穗)	꺾꽂이순
삭	다래	삽시(揷枾)	떫은 감
삭모(削毛)	털깎기	삽식(揷植)	꺾꽂이
삭아접(削芽接)	깍기눈접	삽접(揷接)	꽂이접
삭제(削蹄)	발굽깎기, 굽깎기	상(床)	모판
산과앵도(酸果櫻挑)	신앵두	상개각충(桑介殼)	뽕깍지 벌레
산도교정(酸度橋正)	산성고치기	상견(上繭)	상등고치
산란(産卵)	알낳기	상면(床面)	모판바닥
산리(山李)	산자두	상명아(桑螟蛾)	뽕나무명나방
산미(酸味)	신맛	상묘(桑苗)	뽕나무묘목
산상(山桑)	산뽕	상번초(上繁草)	키가 크고 잎이 위쪽에
산성토양(酸性土壤)	산성흙		많은 풀
산식(散植)	흩어심기	상습지(常習地)	자주나는 곳
산약(山藥)	마	상심(桑)	오디
산양(山羊)	염소	상심지영승(湘芯止蠅)	뽕나무순혹파리
산양유(山羊乳)	염소젖	상아고병(桑芽枯病)	뽕나무눈마름병,
산유(酸乳)	젖내기		뽕눈마름병
산유량(酸乳量)	우유 생산량	상엽(桑葉)	뽕잎
산육량(産肉量)	살코기량	상엽충(桑葉)	뽕잎벌레
산자수(産仔數)	새끼수	상온(床溫)	모판온도
산파(散播)	흩뿌림	상위엽(上位葉)	윗잎
산포도(山葡萄)	머루	상자육(箱子育)	상자치기
살분기(撒粉機)	가루뿜개	상저(上藷)	상고구마

상전(桑田)	뽕밭	서과(西瓜)	수박
상족(上簇)	누에올리기	서류(薯類)	감자류
상주(霜柱)	서릿발	서상층(鋤床層)	쟁기밑층
상지척확(桑枝尺蠖)	뽕나무자벌레	서양리(西洋李)	양자두
상천우(桑天牛)	뽕나무하늘소	서혜임파절(鼠蹊淋巴節)	사타구니임파절
상토(床土)	모판흙	석답(潟畓)	갯논
상폭(上幅)	윗너비, 상폭	석분(石粉)	돌가루
상해(霜害)	서리피해	석회고(石灰藁)	석회짚
상흔(傷痕)	흉터	석회석분말(石灰石粉末)	석회가루
색택(色澤)	빛깔	선견(選繭)	고치 고르기
생견(生繭)	생고치	선과(選果)	과실 고르기
생경중(生莖重)	풋줄기무게	선단고사(先端枯死)	끝마름
생고중(生藁重)	생짚 무게	선단벌채(先端伐採)	끝베기
생돈(生豚)	생돼지	선란기(選卵器)	알고르개
생력양잠(省力養蠶)	노동력 줄여 누에치기	선모(選毛)	털고르기
생력재배(省力栽培)	노동력 줄여 가꾸기	선종(選種)	씨고르기
생사(生飼)	날로 먹이기	선택성(選擇性)	가릴성
생시체중(生時體重)	날때 몸무게	선형(扇形)	부채꼴
생식(生食)	날로 먹기	선회운동(旋回運動)	맴돌이운동, 맴돌이
생유(生乳)	날젖	설립(粒)	쭉정이
생육(生肉)	날고기	설미(米)	쭉정이쌀
생육상(生育狀)	자라는 모양	설서(薯)	잔감자
생육적온(生育適溫)	자라기 적온,	설저(藷)	잔고구마
	자라기 맞는 온도	설하선(舌下腺)	혀밑샘
생장률(生長率)	자람비율	설형(楔形)	쐐기꼴
생장조정제(生長調整劑)	생장조정약	섬세지(纖細枝)	실가지
생전분(生澱粉)	날녹말	섬유장(纖維長)	섬유길이
서(黍)	기장	성계(成鷄)	큰닭
서강사료(薯糠飼料)	겨감자먹이	성과수(成果樹)	자란 열매나무

성돈(成豚)	자란 돼지	소맥고(小麥藁)	밀짚
성목(成木)	자란 나무	소맥부(小麥)	밀기울
성묘(成苗)	자란 모	소맥분(小麥粉)	밀가루
성숙기(成熟期)	익음 때	소문(巢門)	벌통문
성엽(成葉)	다자란 잎, 자란 잎	소밀(巢蜜)	개꿀, 벌통에서 갓 떼어내
성장률(成長率)	자람 비율		벌집에 그대로 들어있는 꿀
성추(成雛)	큰병아리	소비(巢脾)	밀랍으로 만든 벌집
성충(成蟲)	어른벌레	소비재배(小肥栽培)	거름 적게 주어 가꾸기
성토(成兔)	자란 토끼	소상(巢箱)	벌통
성토법(盛土法)	묻어떼기	소식(疎植)	성글게 심기, 드물게 심기
성하기(盛夏期)	한여름	소양증(瘙痒症)	가려움증
세균성연화병	세균무름병	소엽(蘇葉)	차조기잎, 차조기
(細菌性軟化病)		소우(素牛)	밑소
세근(細根)	잔뿌리	소잠(掃蠶)	누에떨기
세모(洗毛)	털 씻기	소주밀식(小株密植)	적게 잡아 배게심기
세잠(細蠶)	가는 누에	소지경(小枝梗)	벼알가지
세절(細切)	잘게 썰기	소채아(小菜蛾)	배추좀나방
세조파(細條播)	가는 줄뿌림	소초(巢礎)	벌집틀바탕
세지(細枝)	잔가지	소토(燒土)	흙 태우기
세척(洗滌)	씻기	속(束)	묶음, 다발, 뭇
소각(燒却)	태우기	속(粟)	조
소광(巢)	벌집틀	속명충(粟螟)	조명나방
소국(小菊)	잔국화	속성상전(速成桑田)	속성 뽕밭
소낭(囊)	모이주머니	속성퇴비(速成堆肥)	빨리 썩을 두엄
소두(小豆)	팥	속야도충(粟夜盜)	멸강나방
소두상충(小豆象)	팥바구미	속효성(速效性)	빨리 듣는
소립(小粒)	잔알	쇄미(碎米)	싸라기
소립종(小粒種)	잔씨	쇄토(碎土)	흙 부수기
소맥(小麥)	밀	수간(樹間)	나무 사이

수견(收繭)	고치따기	수수형(穗數型)	이삭 많은 형
수경재배(水耕栽培)	물로 가꾸기	수양성하리(水性下痢)	물똥설사
수고(樹高)	나무키	수엽량(收葉量)	뽕 거둠량
수고병(穗枯病)	이삭마름병	수아(收蛾)	나방 거두기
수광(受光)	빛살받기	수온(水溫)	물온도
수도(水稻)	벼	수온상승(水溫上昇)	물온도 높이기
수도이앙기(水稻移秧機)	모심개	수용성(水溶性)	물에 녹는
수동분무기(手動噴霧器)	손뿜개	수용제(水溶劑)	물녹임약
수두(獸痘)	짐승마마	수유(受乳)	젖받기, 젖주기
수령(樹)	나무나이	수유율(受乳率)	기름내는 비율
수로(水路)	물길	수이(水飴)	물엿
수리불안전답 (水利不安全畓)	물 사정 나쁜 논	수장(穗長)	이삭길이
		수전기(穗期)	이삭 거의 팼을 때
수리안전답(水利安全畓)	물 사정 좋은 논	수정(受精)	정받이
수면처리(水面處理)	물 위 처리	수정란(受精卵)	정받이알
수모(獸毛)	짐승털	수조(水)	물통
수묘대(水苗垈)	물 못자리	수종(水腫)	물종기
수밀(蒐蜜)	꿀 모으기	수중형(穗重型)	큰이삭형
수발아(穗發芽)	이삭 싹나기	수차(手車)	손수레
수병(銹病)	녹병	수차(水車)	물방아
수분(受粉)	꽃가루받이, 가루받이	수척(瘦瘠)	여윔
수분(水分)	물기	수침(水浸)	물잠김
수분수(授粉樹)	가루받이 나무	수태(受胎)	새끼배기
수비(穗肥)	이삭거름	수포(水泡)	물집
수세(樹勢)	나무자람새	수피(樹皮)	나무 껍질
수수(穗數)	이삭수	수형(樹形)	나무 모양
수수(穗首)	이삭목	수형(穗形)	이삭 모양
수수도열병(穗首稻熱病)	목도열병	수화제(水和劑)	물풀이약
수수분화기(穗首分化期)	이삭 생길 때	수확(收穫)	거두기

수확기(收穫機)	거두는 기계	식부(植付)	심기
숙근성(宿根性)	해묵이	식상(植傷)	몸살
숙기(熟期)	익음 때	식상(植桑)	뽕나무심기
숙도(熟度)	익은 정도	식습관(食習慣)	먹는 버릇
숙면기(熟眠期)	깊은 잠 때	식양토(埴壤土)	질참흙
숙사(熟飼)	끓여 먹이기	식염(食鹽)	소금
숙잠(熟蠶)	익은 누에	식염첨가(食鹽添加)	소금치기
숙전(熟田)	길든 밭	식우성(食羽性)	털 먹는 버릇
숙지삽(熟枝揷)	굳가지꽂이	식이(食餌)	먹이
숙채(熟菜)	익힌 나물	식재거리(植栽距離)	심는 거리
순찬경법(順次耕法)	차례 갈기	식재법(植栽法)	심는 법
순치(馴致)	길들이기	식토(植土)	질흙
순화(馴化)	길들이기, 굳히기	식하량(食下量)	먹는 양
순환관개(循環觀漑)	돌려 물대기	식해(害)	갉음 피해
순회관찰(巡廻觀察)	돌아보기	식혈(植穴)	심을 구덩이
습답(濕畓)	고논	식흔(痕)	먹은 흔적
습포육(濕布育)	젖은 천 덮어치기	신미종(辛味種)	매운 품종
승가(乘駕)	교배를 위해 등에	신소(新)	새가지, 새순
	올라타는 것	신소삽목(新揷木)	새순 꺾꽂이
시(柿)	감	신소엽량(新葉量)	새순 잎량
시비(施肥)	거름주기, 비료주기	신엽(新葉)	새잎
시비개선(施肥改善)	거름주는 방법을 좋게	신장(腎臟)	콩팥, 신장
	바꿈	신장기(伸張期)	줄기자람 때
시비기(施肥機)	거름주개	신장절(伸張節)	자란 마디
시산(始産)	처음 낳기	신지(新枝)	새가지
시실아(柿實蛾)	감꼭지나방	신품종(新品種)	새품종
시진(視診)	살펴보기 진단, 보기진단	실면(實棉)	목화
시탈삽(柿脫澁)	감우림	실생묘(實生苗)	씨모
식단(食單)	차림표	실생번식(實生繁殖)	씨로 불림

심경(深耕)	깊이 갈이	암발아종자(暗發芽種子)	그늘받이씨
심경다비(深耕多肥)	깊이 갈아 걸우기	암최청(暗催靑)	어둠 알깨기
심고(芯枯)	순마름	압궤(壓潰)	눌러 으깨기
심근성(深根性)	깊은 뿌리성	압사(壓死)	깔려죽음
심부명(深腐病)	속썩음병	압조법(壓條法)	휘묻이
심수관개(深水灌漑)	물 깊이대기, 깊이대기	압착기(壓搾機)	누름틀
심식(深植)	깊이심기	액비(液肥)	물거름, 액체비료
심엽(心葉)	속잎	액아(腋芽)	겨드랑이눈
심지(芯止)	순멎음, 순멎이	액제(液劑)	물약
심층시비(深層施肥)	깊이 거름주기	액체비료(液體肥料)	물거름
심토(心土)	속흙	앵속(罌粟)	양귀비
심토층(心土層)	속흙층	야건초(野乾草)	말린들풀
십자화과(十字花科)	배추과	야도아(夜盜蛾)	도둑나방
		야도충(夜盜)	도둑벌레, 밤나방의 어린 벌레

ㅇ

아(芽)	눈	야생초(野生草)	들풀
아(蛾)	나방	야수(野獸)	들짐승
아고병(芽枯病)	눈마름병	야자유(椰子油)	야자기름
아삽(芽揷)	눈꽂이	야잠견(野蠶繭)	들누에고치
아접(芽接)	눈접	야적(野積)	들가리
아접도(芽接刀)	눈접칼	야초(野草)	들풀
아주지(亞主枝)	버금가지	약(葯)	꽃밥
아충	진딧물	약목(若木)	어린 나무
악	꽃받침	약빈계(若牝鷄)	햇암탉
악성수종(惡性水腫)	악성물종기	약산성토양(弱酸性土壤)	약한 산성흙
악편(片)	꽃받침조각	약숙(若熟)	덜익음
안(眼)	눈	약염기성(弱鹽基性)	약한 알칼리성
안점기(眼点期)	점보일 때	약웅계(若雄鷄)	햇수탉
암거배수(暗渠排水)	속도랑 물빼기	약지(弱枝)	약한 가지

약지(若枝)	어린 가지	언지법(偃枝法)	휘묻이
약충(若)	애벌레, 유충	얼자(蘖子)	새끼가지
약토(若兎)	어린 토끼	엔시리지(ensilage)	담근먹이
양건(乾)	볕에 말리기	여왕봉(女王蜂)	여왕벌
양계(養鷄)	닭치기	역병(疫病)	돌림병
양돈(養豚)	돼지치기	역용우(役用牛)	일소
양두(羊痘)	염소마마	역우(役牛)	일소
양마(洋麻)	양삼	역축(役畜)	일가축
양맥(洋麥)	호밀	연가조상수확법	연간 가지 뽕거두기
양모(羊毛)	양털	연골(軟骨)	물렁뼈
양묘(養苗)	모 기르기	연구기(燕口期)	잎펼 때
양묘육성(良苗育成)	좋은 모 기르기	연근(蓮根)	연뿌리
양봉(養蜂)	벌치기	연맥(燕麥)	귀리
양사(羊舍)	양우리	연부병(軟腐病)	무름병
양상(揚床)	돋움 모판	연사(練飼)	이겨 먹이기
양수(揚水)	물 푸기	연상(練床)	이긴 모판
양수(羊水)	새끼집 물	연수(軟水)	단물
양열재료(釀熱材料)	열 낼 재료	연용(連用)	이어쓰기
양유(羊乳)	양젖	연이법(練餌法)	반죽먹이기
양육(羊肉)	양고기	연작(連作)	이어짓기
양잠(養蠶)	누에치기	연초야아(煙草夜蛾)	담배나방
양접(揚接)	딴자리접	연하(嚥下)	삼킴
양질미(良質米)	좋은 쌀	연화병(軟化病)	무름병
양토(壤土)	참흙	연화재배(軟化栽培)	연하게 가꾸기
양토(養兎)	토끼치기	열과(裂果)	열매터짐, 터진열매
어란(魚卵)	말린 생선알, 생선알	열구(裂球)	통터짐, 알터짐, 터진알
어분(魚粉)	생선가루	열근(裂根)	뿌리터짐, 터진 뿌리
어비(魚肥)	생선거름	열대과수(熱帶果樹)	열대 과일나무
억제재배(抑制栽培)	늦추어가꾸기	열엽(裂葉)	갈래잎

염기성(鹽基性)	알칼리성	엽선(葉先)	잎끝
염기포화도(鹽基飽和度)	알칼리포화도	엽선절단(葉先切斷)	잎끝자르기
염료(染料)	물감	엽설(葉舌)	잎혀
염료작물(染料作物)	물감작물	엽신(葉身)	잎새
염류농도(鹽類濃度)	소금기 농도	엽아(葉芽)	잎눈
염류토양(鹽類土壤)	소금기 흙	엽연(葉緣)	잎가선
염수(鹽水)	소금물	엽연초(葉煙草)	잎담배
염수선(鹽水選)	소금물 가리기	엽육(葉肉)	잎살
염안(鹽安)	염화암모니아	엽이(葉耳)	잎귀
염장(鹽藏)	소금저장	엽장(葉長)	잎길이
염중독증(鹽中毒症)	소금중독증	엽채류(葉菜類)	잎채소류, 잎채소붙이
염증(炎症)	곪음증	엽초(葉)	잎집
염지(鹽漬)	소금절임	엽폭(葉幅)	잎 너비
염해(鹽害)	짠물해	영견(營繭)	고치짓기
염해지(鹽害地)	짠물해 땅	영계(鷄)	약병아리
염화가리(鹽化加里)	염화칼리	영년식물(永年植物)	오래살이 작물
엽고병(葉枯病)	잎마름병	영양생장(營養生長)	몸자람
엽권병(葉卷病)	잎말이병	영화(穎化)	이삭꽃
엽권충(葉卷)	잎말이나방	영화분화기(穎化分化期)	이삭꽃 생길 때
엽령(葉齡)	잎나이	예도(刈倒)	베어 넘김
엽록소(葉綠素)	잎파랑이	예찰(豫察)	미리 살핌
엽맥(葉脈)	잎맥	예초(刈草)	풀베기
엽면살포(葉面撒布)	잎에 뿌리기	예초기(刈草機)	풀베개
엽면시비(葉面施肥)	잎에 거름주기	예취(刈取)	베기
엽면적(葉面積)	잎면적	예취기(刈取機)	풀베개
엽병(葉炳)	잎자루	예폭(刈幅)	벨너비
엽비(葉)	응애	오모(汚毛)	더러운 털
엽삽(葉揷)	잎꽂이	오수(汚水)	더러운 물
엽서(葉序)	잎차례	오염견(汚染繭)	물든 고치

옥견(玉繭)	쌍고치	요절병(腰折病)	잘록병
옥사(玉絲)	쌍고치실	욕광최아(浴光催芽)	햇볕에서 싹띄우기
옥외육(屋外育)	한데치기	용수로(用水路)	물대기 도랑
옥촉서(玉蜀黍)	옥수수	용수원(用水源)	끝물
옥총(玉)	양파	용제(溶劑)	녹는 약
옥총승(玉繩)	고자리파리	용탈(溶脫)	녹아 빠짐
옥토(沃土)	기름진 땅	용탈증(溶脫症)	녹아 빠진 흙
온수관개(溫水灌漑)	더운 물대기	우(牛)	소
온욕법(溫浴法)	더운 물담그기	우결핵(牛結核)	소결핵
완두상충(豌豆象)	완두바구미	우량종자(優良種子)	좋은 씨앗
완숙(完熟)	다익음	우모(羽毛)	깃털
완숙과(完熟果)	익은 열매	우사(牛舍)	외양간
완숙퇴비(完熟堆肥)	다썩은 두엄	우상(牛床)	축사에 소를 1마리씩
완전변태(完全變態)	갖춘 탈바꿈		수용하기 위한 구획
완초(莞草)	왕골	우승(牛蠅)	쇠파리
완효성(緩效性)	천천히 듣는	우육(牛肉)	쇠고기
왕대(王臺)	여왕벌집	우지(牛脂)	쇠기름
왕봉(王蜂)	여왕벌	우형기(牛衡器)	소저울
왜성대목(倭性臺木)	난장이 바탕나무	우회수로(迂廻水路)	돌림도랑
외곽목책(外廓木柵)	바깥울	운형병(雲形病)	수탉
외래종(外來種)	외래품종	웅봉(雄蜂)	수벌
외반경(外返耕)	바깥 돌아갈이	웅성불임(雄性不稔)	고자성
외상(外傷)	겉상처	웅수(雄穗)	수이삭
외피복(外被覆)	겉덮기, 겊덮개	웅예(雄)	수술
요(尿)	오줌	웅추(雄雛)	수평아리
요도결석(尿道結石)	오줌길에 생긴 돌	웅충(雄)	수벌레
요독증(尿毒症)	오줌독 증세	웅화(雄花)	수꽃
요실금(尿失禁)	오줌 흘림	원경(原莖)	원줄기
요의빈삭(尿意頻數)	오줌 자주 마려움	원추형(圓錐形)	원뿔꽃

원형화단(圓形花壇)	둥근 꽃밭	유상(濡桑)	물뽕
월과(越瓜)	김치오이	유선(乳腺)	젖줄, 젖샘
월년생(越年生)	두해살이	유수(幼穗)	어린 이삭
월동(越冬)	겨울나기	유수분화기(幼穗分化期)	이삭 생길 때
위임신(僞姙娠)	헛배기	유수형성기(幼穗形成期)	배동받이 때
위조(萎凋)	시듦	유숙(乳熟)	젖 익음
위조계수(萎凋係數)	시듦값	유아(幼芽)	어린 싹
위조점(萎凋点)	시들점	유아등(誘蛾燈)	꾀임등
위축병(萎縮病)	오갈병	유안(硫安)	황산암모니아
위황병(萎黃病)	누른오갈병	유압(油壓)	기름 압력
유(柚)	유자	유엽(幼葉)	어린 잎
유근(幼根)	어린 뿌리	유우(乳牛)	젖소
유당(乳糖)	젖당	유우(幼牛)	애송아지
유도(油桃)	민복숭아	유우사(乳牛舍)	젖소외양간, 젖소간
유두(乳頭)	젖꼭지	유인제(誘引劑)	꾀임약
유료작물(有料作物)	기름작물	유제(油劑)	기름약
유목(幼木)	어린 나무	유지(乳脂)	젖기름
유묘(幼苗)	어린 모	유착(癒着)	엉겨 붙음
유박(油粕)	깻묵	유추(幼雛)	햇병아리, 병아리
유방염(乳房炎)	젖알이	유추사료(幼雛飼料)	햇병아리 사료
유봉(幼蜂)	새끼벌	유축(幼畜)	어린 가축
유산(乳酸)	젖산	유충(幼蟲)	애벌레, 약충
유산(流産)	새끼지우기	유토(幼兎)	어린 토끼
유산가리(酸加里)	황산가리	유합(癒合)	아뭄
유산균(乳酸菌)	젖산균	유황(黃)	황
유산망간(酸mangan)	황산망간	유황대사(黃代謝)	황대사
유산발효(乳酸醱酵)	젖산 띄우기	유황화합물(黃化合物)	황화합물
유산양(乳山羊)	젖염소	유효경비율(有效莖比率)	참줄기비율
유살(誘殺)	꾀어 죽이기	유효분얼최성기	참 새끼치기 최성기

(有效分蘗最盛期)		의빈대(疑牝臺)	암틀
유효분얼 한계기	참 새끼치기 한계기	의잠(蟻蠶)	개미누에
유효분지수(有效分枝數)	참가지수, 유효가지수	이(李)	자두
유효수수(有效穗數)	참이삭수	이(梨)	배
유휴지(遊休地)	묵힌 땅	이개(耳介)	귓바퀴
육계(肉鷄)	고기를 위해 기르는 닭,	이기작(二期作)	두 번 짓기
	식육용 닭	이년생화초(二年生花草)	두해살이 화초
육도(陸稻)	밭벼	이대소야아(二帶小夜蛾)	벼애나방
육돈(陸豚)	살퇘지	이면(二眠)	두잠
육묘(育苗)	모기르기	이모작(二毛作)	두 그루갈이
육묘대(陸苗垈)	밭모판, 밭못자리	이박(飴粕)	엿밥
육묘상(育苗床)	못자리	이백삽병(裏白澁病)	뒷면흰가루병
육성(育成)	키우기	이병(痢病)	설사병
육아재배(育芽栽培)	싹내 가꾸기	이병경률(罹病莖率)	병든 줄기율
육우(肉牛)	고기소	이병묘(罹病苗)	병든 모
육잠(育蠶)	누에치기	이병성(罹病性)	병 걸림성
육즙(肉汁)	고기즙	이병수율(罹病穗率)	병든 이삭률
육추(育雛)	병아리기르기	이병식물(罹病植物)	병든 식물
윤문병(輪紋病)	테무늬병	이병주(罹病株)	병든 포기
윤작(輪作)	돌려짓기	이병주율(罹病株率)	병든 포기율
윤환방목(輪換放牧)	옮겨 놓아 먹이기	이식(移植)	옮겨심기
윤환채초(輪換採草)	옮겨 풀베기	이앙밀도(移秧密度)	모내기뱀새
율(栗)	밤	이야포(二夜包)	한밤 묵히기
은아(隱芽)	숨은 눈	이유(離乳)	젖떼기
음건(陰乾)	그늘 말리기	이주(梨酒)	배술
음수량(飮水量)	물먹는 양	이품종(異品種)	다른 품종
음지답(陰地畓)	응달논	이하선(耳下線)	귀밑샘
응집(凝集)	엉김, 응집	이형주(異型株)	다른 꼴 포기
응혈(凝血)	피 엉김	이화명충(二化螟)	이화명나방

이환(罹患)	병 걸림	입란(入卵)	알넣기
이희심식충(梨姬心食)	배명나방	입색(粒色)	낟알색
익충(益)	이로운 벌레	입수계산(粒數計算)	낟알 셈
인경(鱗莖)	비늘줄기	입제(粒劑)	싸락약
인공부화(人工孵化)	인공알깨기	입중(粒重)	낟알 무게
인공수정(人工受精)	인공 정받이	입직기(織機)	가마니틀
인공포유(人工哺乳)	인공 젖먹이기	잉여노동(剩餘勞動)	남는 노동
인안(鱗安)	인산암모니아		
인입(引入)	끌어들임	**ㅈ**	
인접주(隣接株)	옆그루	자(刺)	가시
인초(藺草)	골풀	자가수분(自家受粉)	제 꽃가루 받이
인편(鱗片)	쪽	자견(煮繭)	고치삶기
인후(咽喉)	목구멍	자궁(子宮)	새끼집
일건(日乾)	볕말림	자근묘(自根苗)	제뿌리 모
일고(日雇)	날품	자돈(仔豚)	새끼돼지
일년생(一年生)	한해살이	자동급사기(自動給飼機)	자동 먹이틀
일륜차(一輪車)	외바퀴수레	자동급수기(自動給水機)	자동물주개
일면(一眠)	첫잠	자만(子蔓)	아들덩굴
일조(日照)	볕	자묘(子苗)	새끼모
일협립수(1莢粒數)	꼬투리당 일수	자반병(紫斑病)	자주무늬병
임돈(姙豚)	새끼밴 돼지	자방(子房)	씨방
임신(姙娠)	새끼배기	자방병(子房病)	씨방자루
임신징후(姙娠徵候)	임신기, 새깨밴 징후	자산양(子山羊)	새끼염소
임실(稔實)	씨여뭄	자소(紫蘇)	차조기
임실유(荏實油)	들기름	자수(雌穗)	암이삭
입고병(立枯病)	잘록병	자아(雌蛾)	암나방
입단구조(粒團構造)	떼알구조	자연초지(自然草地)	자연 풀밭
입도선매(立稻先賣)	벼베기 전 팔이,	자엽(子葉)	떡잎
	베기 전 팔이	자예(雌)	암술

자웅감별(雌雄鑑別)	암술 가리기	잠엽충(潛葉)	잎굴나방
자웅동체(雌雄同體)	암수 한 몸	잠작(蠶作)	누에되기
자웅분리(雌雄分離)	암수 가리기	잠족(蠶簇)	누에섶
자저(煮藷)	찐고구마	잠종(蠶種)	누에씨
자추(雌雛)	암평아리	잠종상(蠶種箱)	누에씨상자
자침(刺針)	벌침	잠좌지(蠶座紙)	누에 자리종이
자화(雌花)	암꽃	집수(雜穗)	잡이삭
자화수정(自花受精)	제 꽃가루받이,	장간(長稈)	큰키
	제 꽃 정받이	장과지(長果枝)	긴열매가지
작부체계(作付體系)	심기차례	장관(腸管)	창자
작열감(灼熱感)	모진 아픔	장망(長芒)	긴까락
작조(作條)	골타기	장방형식(長方形植)	긴모꼴심기
작토(作土)	갈이 흙	장시형(長翅型)	긴날개꼴
작형(作型)	가꿈꼴	장일성식물(長日性植物)	긴볕 식물
작황(作況)	되는 모양, 농작물의	장일처리(長日處理)	긴볕 쬐기
	자라는 상황	장잠(壯蠶)	큰누에
작휴재배(作畦栽培)	이랑가꾸기	장중첩(腸重疊)	창자 겹침
잔상(殘桑)	남은 뽕	장폐색(腸閉塞)	창자 막힘
잔여모(殘餘苗)	남은 모	재발아(再發芽)	다시 싹나기
잠가(蠶架)	누에 시렁	재배작형(栽培作型)	가꾸기꼴
잠견(蠶繭)	누에고치	재상(栽桑)	뽕가꾸기
잠구(蠶具)	누에연모	재생근(再生根)	되난뿌리
잠란(蠶卵)	누에 알	재식(栽植)	심기
잠령(蠶齡)	누에 나이	재식거리(栽植距離)	심는 거리
잠망(蠶網)	누에 그물	재식면적(栽植面積)	심는 면적
잠박(蠶箔)	누에 채반	재식밀도(栽植密度)	심음배기, 심었을 때
잠복아(潛伏芽)	숨은 눈		빽빽한 정도
잠사(蠶絲)	누에실, 잠실	저(楮)	닥나무, 닥
잠아(潛芽)	숨은 눈	저견(貯繭)	고치 저장

저니토(低泥土)	시궁흙	적상(摘桑)	뽕따기
저마(苧麻)	모시	적상조(摘桑爪)	뽕가락지
저밀(貯蜜)	꿀갈무리	적성병(赤星病)	붉음별무늬병
저상(貯桑)	뽕저장	적수(摘穗)	송이솎기
저설온상(低說溫床)	낮은 온상	적심(摘芯)	순지르기
저수답(貯水畓)	물받이 논	적아(摘芽)	눈따기
저습지(低濕地)	질펄 땅, 진 땅	적엽(摘葉)	잎따기
저위생산답(低位生産畓)	소출낮은 논	적예(摘)	순지르기
저위예취(低位刈取)	낮추베기	적의(赤蟻)	붉은개미누에
저작구(咀嚼口)	씹는 입	적토(赤土)	붉은 흙
저작운동(咀嚼運動)	씹기 운동, 씹기	적화(摘花)	꽃솎기
저장(貯藏)	갈무리	전륜(前輪)	앞바퀴
저항성(低抗性)	버틸성	전면살포(全面撒布)	전면뿌리기
저해견(害繭)	구더기난 고치	전모(剪毛)	털깍기
저휴(低畦)	낮은 이랑	전묘대(田苗垈)	밭못자리
적고병(赤枯病)	붉은마름병	전분(澱粉)	녹말
적과(摘果)	열매솎기	전사(轉飼)	옮겨 기르기
적과협(摘果鋏)	열매솎기 가위	전시포(展示圃)	본보기논, 본보기밭
적기(適期)	제때, 제철	전아육(全芽育)	순뽕치기
적기방제(適期防除)	제때 방제	전아육성(全芽育成)	새순 기르기
적기예취(適期刈取)	제때 베기	전염경로(傳染經路)	옮은 경로
적기이앙(適期移秧)	제때 모내기	전엽육(全葉育)	잎뽕치기
적기파종(適期播種)	제때 뿌림	전용상전(專用桑田)	전용 뽕밭
적량살포(適量撒布)	알맞게 뿌리기	전작(前作)	앞그루
적량시비(適量施肥)	알맞은 양 거름주기	전작(田作)	밭농사
적뢰(摘)	봉오리 따기	전작물(田作物)	밭작물
적립(摘粒)	알솎기	전정(剪定)	다듬기
적맹(摘萌)	눈솎기	전정협(剪定鋏)	다듬가위
적미병(摘微病)	붉은곰팡이병	전지(前肢)	앞다리

전지(剪枝)	가지 다듬기	접지(接枝)	접가지
전지관개(田地灌漑)	밭물대기	접지압(接地壓)	땅누름 압력
전직장(前直腸)	앞곧은 창자	정곡(精穀)	알곡
전충시비(全層施肥)	거름흙살 섞어주기	정마(精麻)	속삼
절간(切干)	썰어 말리기	정맥(精麥)	보리쌀
절간(節間)	마디사이	정맥강(精麥糠)	몽근쌀 비율
절간신장기(節間伸長期)	마디 자랄 때	정맥비율(精麥比率)	보리쌀 비율
절간장(節稈長)	마디길이	정선(精選)	잘 고르기
절개(切開)	가름	정식(定植)	아주심기
절근아법(切根芽法)	뿌리눈접	정아(頂芽)	끝눈
절단(切斷)	자르기	정엽량(正葉量)	잎뽕량
절상(切傷)	베인 상처	정육(精肉)	살코기
절수재배(節水栽培)	물 아껴 가꾸기	정제(錠劑)	알약
절접(切接)	깍기접	정조(正租)	알벼
절토(切土)	흙깍기	정조식(正租式)	줄모
절화(折花)	꽃이꽃	정지(整地)	땅고르기
절흔(切痕)	베인 자국	정지(整枝)	가지고르기
점등사육(點燈飼育)	불켜 기르기	정화아(頂花芽)	끝꽃눈
점등양계(點燈養鷄)	불켜 닭기르기	제각(除角)	뿔 없애기, 뿔 자르기
점적식관수(点滴式灌水)	방울 물주기	제경(除莖)	줄기치기
점진최청(漸進催靑)	점진 알깨기	제과(製菓)	과자만들기
점청기(点靑期)	점보일 때	제대(臍帶)	탯줄
점토(粘土)	찰흙	제대(除袋)	봉지 벗기기
점파(点播)	점뿌림	제동장치(制動裝置)	멈춤장치
접도(接刀)	접칼	제마(製麻)	삼 만들기
접목묘(接木苗)	접나무모	제맹(除萌)	순따기
접삽법(接揷法)	접꽂이	제면(製麵)	국수 만들기
접수(接穗)	접순	제사(除沙)	똥갈이
접아(接芽)	접눈	제심(除心)	속대 자르기

제염(除鹽)	소금빼기	종견(種繭)	씨고치
제웅(除雄)	수술치기	종계(種鷄)	씨닭
제점(臍点)	배꼽	종구(種球)	씨알
제족기(第簇機)	섶틀	종균(種菌)	씨균
제초(除草)	김매기	종근(種根)	씨뿌리
제핵(除核)	씨빼기	종돈(種豚)	씨돼지
조(棗)	대추	종란(種卵)	씨알
조간(條間)	줄 사이	종모돈(種牡豚)	씨수돼지
조고비율(組藁比率)	볏짚비율	종모우(種牡牛)	씨황소
조기재배(早期栽培)	일찍 가꾸기	종묘(種苗)	씨모
조맥강(粗麥糠)	거친 보릿겨	종봉(種蜂)	씨벌
조사(繰絲)	실켜기	종부(種付)	접붙이기
조사료(粗飼料)	거친 먹이	종빈돈(種牝豚)	씨암돼지
조상(條桑)	가지뽕	종빈우(種牝牛)	씨암소
조상육(條桑育)	가지뽕치기	종상(終霜)	끝서리
조생상(早生桑)	올뽕	종실(種實)	씨알
조생종(早生種)	올씨	종실중(種實重)	씨무게
조소(造巢)	벌집 짓기, 집 짓기	종양(腫瘍)	혹
조숙(早熟)	올 익음	종자(種子)	씨앗, 씨
조숙재배(早熟栽培)	일찍 가꾸기	종자갱신(種子更新)	씨앗갈이
조식(早植)	올 심기	종자교환(種子交換)	씨앗바꾸기
조식재배(早植栽培)	올 심어 가꾸기	종자근(種子根)	씨뿌리
조지방(粗脂肪)	거친 굳기름	종자예조(種子豫措)	종자가리기
조파(早播)	올 뿌림	종자전염(種子傳染)	씨앗 전염
조파(條播)	줄뿌림	종창(腫脹)	부어오름
조회분(粗灰分)	거친 회분	종축(種畜)	씨가축
족(簇)	섶	종토(種兎)	씨토끼
족답탈곡기(足踏脫穀機)	디딜 탈곡기	종피 색(種皮色)	씨앗 빛
족착견(簇着繭)	섶자국 고치	좌상육(桑育)	뽕썰어치기

좌아육(芽育)	순썰어치기	지(枝)	가지
좌절도복(挫折倒伏)	꺽어 쓰러짐	지각(枳殼)	탱자
주(株)	포기, 그루	지경(枝梗)	이삭가지
주간(主幹)	원줄기	지고병(枝枯病)	가지마름병
주간(株間)	포기사이, 그루사이	지근(枝根)	갈림 뿌리
주간거리(株間距離)	그루사이, 포기사이	지두(枝豆)	풋콩
주경(主莖)	원줄기	지력(地力)	땅심
주근(主根)	원뿌리	지력증진(地力增進)	땅심 돋우기
주년재배(周年栽培)	사철가꾸기	지면잠(遲眠蠶)	늦잠누에
주당수수(株當穗數)	포기당 이삭수	지발수(遲發穗)	늦이삭
주두(柱頭)	암술머리	지방(脂肪)	굳기름
주아(主芽)	으뜸눈	지분(紙盆)	종이분
주위작(周圍作)	둘레심기	지삽(枝揷)	가지꽂이
주지(主枝)	원가지	지엽(止葉)	끝잎
중간낙수(中間落水)	중간 물떼기	지잠(遲蠶)	처진 누에
중간아(中間芽)	중간눈	지접(枝接)	가지접
중경(中耕)	매기	지제부분(地際部分)	땅 닿은 곳
중경제초(中耕除草)	김매기	지조(枝條)	가지
중과지(中果枝)	중간열매가지	지주(支柱)	받침대
중력분(中力粉)	보통 밀가루, 밀가루	지표수(地表水)	땅윗물
중립종(中粒種)	중씨앗	지하경(地下莖)	땅 속 줄기
중만생종(中晚生種)	엊늦씨	지하수개발(地下水開發)	땅 속 물 찾기
중묘(中苗)	중간 모	지하수위(地下水位)	지하수 높이
중생종(中生種)	가온씨	직근(直根)	곧은 뿌리
중식기(中食期)	중밥 때	직근성(直根性)	곧은 뿌리성
중식토(重植土)	찰질흙	직립경(直立莖)	곧은 줄기
중심공동서(中心空胴薯)	속 빈 감자	직립성낙화생	오뚜기땅콩
중추(中雛)	중병아리	(直立性落花生)	
증체량(增體量)	살찐 양	직립식(直立植)	곧추 심기

직립지(直立枝)	곧은 가지	찰과상(擦過傷)	긁힌 상처
직장(織腸)	곧은 창자	창상감염(創傷感染)	상처 옮음
직파(直播)	곧 뿌림	채두(菜豆)	강낭콩
진균(眞菌)	곰팡이	채란(採卵)	알걷이
진압(鎭壓)	눌러주기	채랍(採蠟)	밀따기
질사(窒死)	질식사	채묘(採苗)	모찌기
질소과잉(窒素過剩)	질소 넘침	채밀(採蜜)	꿀따기
질소기아(窒素饑餓)	질소 부족	채엽법(採葉法)	잎따기
질소잠재지력	질소 스민 땅심	채종(採種)	씨받이
(窒素潛在地力)		채종답(採種畓)	씨받이논
징후(徵候)	낌새	채종포(採種圃)	씨받이논, 씨받이밭
		채토장(採土場)	흙캐는 곳
		척박토(瘠薄土)	메마른 흙

ㅊ

차광(遮光)	볕가림	척수(脊髓)	등골
차광재배(遮光栽培)	볕가림 가꾸기	척추(脊椎)	등뼈
차륜(車輪)	차바퀴	천경(淺耕)	얕이갈이
차일(遮日)	해가림	천공병(穿孔病)	구멍병
차전초(車前草)	질경이	천구소병(天拘巢病)	빗자루병
차축(車軸)	굴대	천근성(淺根性)	얕은 뿌리성
착과(着果)	열매 달림, 달린 열매	천립중(千粒重)	천알 무게
착근(着根)	뿌리 내림	천수답(天水畓)	하늘바라기 논, 봉천답
착뢰(着)	망울 달림	천식(淺植)	얕심기
착립(着粒)	알달림	천일건조(天日乾操)	볕말림
착색(着色)	색깔 내기	청경법(淸耕法)	김매 가꾸기
착유(搾乳)	젖짜기	청고병(靑枯病)	풋마름병
착즙(搾汁)	즙내기	청마(靑麻)	어저귀
착탈(着脫)	달고 떼기	청미(靑米)	청치
착화(着花)	꽃달림	청수부(靑首部)	가지와 뿌리의 경계부
착화불량(着花不良)	꽃눈 형성 불량	청예(靑刈)	풋베기

청예대두(靑刈大豆)	풋베기 콩	초형(草型)	풀꼴
청예목초(靑刈木草)	풋베기 목초	촉각(觸角)	더듬이
청예사료(靑刈飼料)	풋베기 사료	촉서(蜀黍)	수수
청예옥촉서(靑刈玉蜀黍)	풋베기 옥수수	촉성재배(促成栽培)	철 당겨 가꾸기
청정채소(淸淨菜蔬)	맑은 채소	총(蔥)	파
청초(靑草)	생풀	총생(叢生)	모듬남
체고(體高)	키	총체벼	사료용 벼
체장(體長)	몸길이	총체보리	사료용 보리
초가(草架)	풀시렁	최고분얼기(最高分蘖期)	최고 새끼치기 때
초결실(初結實)	첫 열림	최면기(催眠期)	잠 들 무렵
초고(枯)	잎집마름	최아(催芽)	싹 틔우기
초목회(草木灰)	재거름	최아재배(催芽栽培)	싹 틔워 가꾸기
초발이(初發茸)	첫물 버섯	최청(催靑)	알깨기
초본류(草本類)	풀붙이	최청기(催靑器)	누에깰 틀
초산(初産)	첫배 낳기	추경(秋耕)	가을갈이
초산태(硝酸態)	질산태	추계재배(秋季栽培)	가을가꾸기
초상(初霜)	첫 서리	추광성(趨光性)	빛 따름성, 빛 쫓음성
초생법(草生法)	풀두고 가꾸기	추대(抽臺)	꽃대 신장, 꽃대 자람
초생추(初生雛)	갓 깬 병아리	추대두(秋大豆)	가을콩
초세(草勢)	풀자람새, 잎자람새	추백리병(雛白痢病)	병아리흰설사병,
초식가축(草食家畜)	풀먹이 가축		병아리설사병
초안(硝安)	질산암모니아	추비(秋肥)	가을거름
초유(初乳)	첫젖	추비(追肥)	웃거름
초자실재배(硝子室栽培)	유리온실 가꾸기	추수(秋收)	가을걷이
초장(草長)	풀 길이	추식(秋植)	가을심기
초지(草地)	꼴 밭	추엽(秋葉)	가을잎
초지개량(草地改良)	꼴 밭 개량	추작(秋作)	가을가꾸기
초지조성(草地造成)	꼴 밭 가꾸기	추잠(秋蠶)	가을누에
초추잠(初秋蠶)	초가을 누에	추잠종(秋蠶種)	가을누에씨

추접(秋接)	가을접	취목(取木)	휘묻이
추지(秋枝)	가을가지	취소성(就巢性)	품는 버릇
추파(秋播)	덧뿌림	측근(側根)	곁뿌리
추화성(趨化性)	물따름성, 물쫓음성	측아(側芽)	곁눈
축사(畜舍)	가축우리	측지(側枝)	곁가지
축엽병(縮葉病)	잎오갈병	측창(側窓)	곁창
춘경(春耕)	봄갈이	측화아(側花芽)	곁꽃눈
춘계재배(春季栽培)	봄가꾸기	치묘(稚苗)	어린 모
춘국(春菊)	쑥갓	치은(齒)	잇몸
춘벌(春伐)	봄베기	치잠(稚蠶)	애누에
춘식(春植)	봄심기	치잠공동사육	애누에 공동치기
춘엽(春葉)	봄잎	(稚蠶共同飼育)	
춘잠(春蠶)	봄누에	치차(齒車)	톱니바퀴
춘잠종(春蠶種)	봄누에씨	친주(親株)	어미 포기
춘지(春枝)	봄가지	친화성(親和性)	어울림성
춘파(春播)	봄뿌림	침고(寢藁)	깔짚
춘파묘(春播苗)	봄모	침시(沈枾)	우려낸 감
춘파재배(春播栽培)	봄가꾸기	침종(浸種)	씨앗 담그기
출각견(出殼繭)	나방난 고치	침지(浸漬)	물에 담그기
출사(出)	수염나옴		
출수(出穗)	이삭패기	**ㅋ**	
출수기(出穗期)	이삭팰 때		
출아(出芽)	싹나기	칼티베이터(Cultivator)	중경제초기
출웅기(出雄期)	수이삭 때, 수이삭날 때		
출하기(出荷期)	제철	**ㅍ**	
충령(齡)	벌레나이	파쇄(破碎)	으깸
충매전염(蟲媒傳染)	벌레전염	파악기(把握器)	교미틀
충영(蟲癭)	벌레 혹	파조(播條)	뿌림 골
충분(蟲糞)	곤충의 똥	파종(播種)	씨뿌림
		파종상(播種床)	모판

파폭(播幅)	골 너비	포엽(苞葉)	젖먹이, 적먹임
파폭률(播幅率)	골 너비율	포유(胞乳)	홀씨
파행(跛行)	절뚝거림	포자(胞子)	홀씨번식
패각(貝殼)	조가비	포자번식(胞子繁殖)	홀씨더미
패각분말(敗殼粉末)	조가비 가루	포자퇴(胞子堆)	벌레그물
펠레트(Pellet)	덩이먹이	포충망(捕蟲網)	너비
편식(偏食)	가려먹음	폭(幅)	튀김씨
편포(扁浦)	박	폭립종(爆粒種)	무당벌레
평과(果)	사과	표충(瓢)	표층 거름주기, 겉거름
평당주수(坪當株數)	평당 포기수	표층시비(表層施肥)	주기
평부잠종(平附蠶種)	종이받이 누에	표토(表土)	겉흙
평분(平盆)	넓적분	표피(表皮)	겉껍질
평사(平舍)	바닥 우리	표형견(俵形繭)	땅콩형 고치
	바닥 기르기(축산),	풍건(風乾)	바람말림
평사(平飼)	넓게 치기(잠업)	풍선(風選)	날려 고르기
평예법(坪刈法)	평뜨기	플라우(Plow)	쟁기
평휴(平畦)	평이랑	플랜터(Planter)	씨뿌리개, 파종기
폐계(廢鷄)	못쓸 닭	피마(皮麻)	껍질삼
폐사율(廢死率)	죽는 비율	피맥(皮麥)	겉보리
폐상(廢床)	비운 모판	피목(皮目)	껍질눈
폐색(閉塞)	막힘	피발작업(拔作業)	피사리
폐장(肺臟)	허파	피복(被覆)	덮개, 덮기
포낭(包囊)	홀씨 주머니	피복재배(被覆栽培)	덮어 가꾸기
포란(抱卵)	알 품기	피해경(被害莖)	피해 줄기
포말(泡沫)	거품	피해립(被害粒)	상한 낟알
포복(匍匐)	덩굴 뻗음	피해주(被害株)	피해 포기
포복경(匍匐莖)	땅 덩굴줄기		
포복성낙화생	덩굴땅콩, 이삭잎	**ㅎ**	
(匍匐性落花生)		하계파종(夏季播種)	여름 뿌림

하고(夏枯)	더위시듦	행(杏)	살구
하기전정(夏期剪定)	여름 가지치기	향식기(餉食期)	첫밥 때
하대두(夏大豆)	여름 콩	향신료(香辛料)	양념재료
하등(夏橙)	여름 귤	향신작물(香愼作物)	양념작물
하리(下痢)	설사	향일성(向日性)	빛 따름성
하번초(下繁草)	아래퍼짐 풀, 밑퍼짐 풀, 지표면에서 자라는 식물	향지성(向地性)	빛 따름성
		혈명견(穴明繭)	구멍고치
하벌(夏伐)	여름베기	혈변(血便)	피똥
하비(夏肥)	여름거름	혈액응고(血液凝固)	피엉김
하수지(下垂枝)	처진 가지	혈파(穴播)	구멍파종
하순(下脣)	아랫잎술	협(莢)	꼬투리
하아(夏芽)	여름눈	협실비율(莢實比率)	꼬투리알 비율
하엽(夏葉)	여름잎	협장(莢長)	꼬투리 길이
하작(夏作)	여름 가꾸기	협폭파(莢幅播)	좁은 이랑뿌림
하잠(夏蠶)	여름 누에	형잠(形蠶)	무늬누에
하접(夏接)	여름접	호과(胡瓜)	오이
하지(夏枝)	여름 가지	호도(胡挑)	호두
하파(夏播)	여름 파종	호로과(葫蘆科)	박과
한랭사(寒冷紗)	가림망	호마(胡麻)	참깨
한발(旱魃)	가뭄	호마엽고병(胡麻葉枯病)	깨씨무늬병
한선(汗腺)	땀샘	호마유(胡麻油)	참기름
한해(旱害)	가뭄피해	호맥(胡麥)	호밀
할접(割接)	짜개접	호반(虎班)	호랑무늬
함미(鹹味)	짠맛	호숙(湖熟)	풀 익음
합봉(合蜂)	벌통합치기, 통합치기	호엽고병(縞葉枯病)	줄무늬마름병
합접(合接)	맞접	호접(互接)	맞접
해채(菜)	염교(락쿄)	호흡속박(呼吸速迫)	숨가쁨
해충(害蟲)	해로운 벌레	혼식(混植)	섞어심기
해토(解土)	땅풀림	혼용(混用)	섞어쓰기

혼용살포(混用撒布)	섞어뿌림, 섞뿌림	화진(花振)	꽃떨림
혼작(混作)	섞어짓기	화채류(花菜類)	꽃채소
혼종(混種)	섞임씨	화탁(花托)	꽃받침
혼파(混播)	섞어뿌림	화판(花瓣)	꽃잎
혼합맥강(混合麥糠)	섞음보릿겨	화피(花被)	꽃덮이
혼합아(混合芽)	혼합눈	화학비료(化學肥料)	화학거름
화경(花梗)	꽃대	화형(花型)	꽃모양
화경(花莖)	꽃줄기	화훼(花卉)	화초
화관(花冠)	꽃부리	환금작물(環金作物)	돈벌이작물
화농(化膿)	곪음	환모(換毛)	털갈이
화도(花挑)	꽃복숭아	환상박피(環床剝皮)	껍질 돌려 벗기기,
화력건조(火力乾操)	불로 말리기		돌려 벗기기
화뢰(花)	꽃봉오리	환수(換水)	물갈이
화목(花木)	꽃나무	환우(換羽)	털갈이
화묘(花苗)	꽃모	환축(患畜)	병든 가축
화본과목초(禾本科牧草)	볏과목초	활착(活着)	뿌리내림
화본과식물(禾本科植物)	볏과식물	황목(荒木)	제풀나무
화부병(花腐病)	꽃썩음병	황숙(黃熟)	누렇게 익음
화분(花粉)	꽃가루	황조슬충(黃條)	배추벼룩잎벌레
화산성토(火山成土)	화산흙	황촉규(黃蜀葵)	닥풀
화산회토(火山灰土)	화산재	황충(蝗)	메뚜기
화색(花色)	꽃색	회경(回耕)	돌아갈이
화속상결과지	꽃덩이 열매가지	회분(灰粉)	재
(化束狀結果枝)		회전족(回轉簇)	회전섶
화수(花穗)	꽃송이	횡반(橫斑)	가로무늬
화아(花芽)	꽃눈	횡와지(橫臥枝)	누운 가지
화아분화(花芽分化)	꽃눈분화	후구(後軀)	뒷몸
화아형성(花芽形成)	꽃눈형성	후기낙과(後期落果)	자라 떨어짐
화용	번데기 되기	후륜(後輪)	뒷바퀴

후사(後飼)	배게 기르기	흑임자(黑荏子)	검정깨
후산(後産)	태낳기	흑호마(黑胡麻)	검정깨
후산정체(後産停滯)	태반이 나오지 않음	흑호잠(黑縞蠶)	검은띠누에
후숙(後熟)	따서 익히기, 따서 익힘	흡지(吸枝)	뿌리순
후작(後作)	뒷그루	희석(稀釋)	묽힘
후지(後肢)	뒷다리	희잠(姬蠶)	민누에
훈연소독(燻煙消毒)	연기찜 소독		
훈증(燻蒸)	증기찜		
휴간관개(畦間灌漑)	고랑 물대기		
휴립(畦立)	이랑 세우기, 이랑 만들기		
휴립경법(畦立耕法)	이랑짓기		
휴면기(休眠期)	잠잘 때		
휴면아(休眠芽)	잠자는 눈		
휴반(畦畔)	논두렁, 밭두렁		
휴반대두(畦畔大豆)	두렁콩		
휴반소각(畦畔燒却)	두렁 태우기		
휴반식(畦畔式)	두렁식		
휴반재배(畦畔栽培)	두렁재배		
휴폭(畦幅)	이랑 너비		
휴한(休閑)	묵히기		
휴한지(休閑地)	노는 땅, 쉬는 땅		
흉위(胸圍)	가슴둘레		
흑두병(黑痘病)	새눈무늬병		
흑반병(黑斑病)	검은무늬병		
흑산양(黑山羊)	흑염소		
흑삽병(黑澁病)	검은가루병		
흑성병(黑星病)	검은별무늬병		
흑수병(黑穗病)	깜부기병		
흑의(黑蟻)	검은개미누에		

호박

1판 1쇄 인쇄 2024년 03월 05일
1판 1쇄 발행 2024년 03월 11일
저   자 국립원예특작과학원
발 행 인 이범만
발 행 처 **21세기사** (제406-2004-00015호)
경기도 파주시 산남로 72-16 (10882)
Tel. 031-942-7861   Fax. 031-942-7864
E-mail : 21cbook@naver.com
Home-page : www.21cbook.co.kr
ISBN 979-11-6833-149-5
정가 20,000원